煤矿安全高效开采省部共建教育部重点实验室 资助
煤矿深井开采灾害防治技术科技研发平台 资助
矿山安全高效开采安徽省高校工程技术研究中心 资助
国家自然科学基金项目（U23A20601，52204123，51874281）资助
安徽理工大学引进人才科研启动基金项目（2021yjrc36）资助

非充分垮落采空区下重复采动围岩裂隙发育规律与渗流特征研究

郝定溢　著

中国矿业大学出版社

· 徐州 ·

内 容 提 要

本书为科学技术著作,以南梁煤矿为研究背景,针对浅埋煤层非充分垮落采空区下煤层群开采地质条件,综合运用理论分析、实验室实验、CT三维重构反演、数值模拟及现场实测等研究方法,研究了非充分垮落采空区压实特征、非充分垮落采空区下重复采动围岩裂隙发育规律以及水和瓦斯渗流特征,得出了不同粒径和不同级配的破碎煤岩体侧限压实特征,揭示了破碎煤岩体孔隙结构变化特征和孔隙、喉道直径的变化规律,定量表征了非充分垮落采空区下重复采动前后围岩的裂隙发育程度,构建了饱和破碎煤岩体应力-孔隙-水渗流和破碎煤岩体应力-孔隙-瓦斯渗流耦合模型,提出了非充分垮落采空区下重复采动防治水和漏风的相关措施。研究成果为煤层群开采防治水和漏风提供了理论基础。

本书可供采矿工程、安全工程及其相关专业的科研与工程技术人员参考。

图书在版编目(CIP)数据

非充分垮落采空区下重复采动围岩裂隙发育规律与渗流特征研究 / 郝定溢著. —徐州:中国矿业大学出版社,2024. 8. —ISBN 978-7-5646-6371-1

Ⅰ. TD823.25;TD712

中国国家版本馆 CIP 数据核字第 2024TP8699 号

书　　名	非充分垮落采空区下重复采动围岩裂隙发育规律与渗流特征研究
著　　者	郝定溢
责任编辑	王美柱
出版发行	中国矿业大学出版社有限责任公司
	(江苏省徐州市解放南路　邮编 221008)
营销热线	(0516)83884103　83885105
出版服务	(0516)83995789　83884920
网　　址	http://www.cumtp.com　E-mail:cumtpvip@cumtp.com
印　　刷	江苏淮阴新华印务有限公司
开　　本	787 mm×1092 mm　1/16　**印张** 9.25　**字数** 237 千字
版次印次	2024 年 8 月第 1 版　2024 年 8 月第 1 次印刷
定　　价	48.00 元

(图书出现印装质量问题,本社负责调换)

前　言

　　本书以南梁煤矿为研究背景,针对浅埋煤层非充分垮落采空区下煤层群开采地质条件,综合运用理论分析、实验室实验、CT 三维重构反演、数值模拟及现场实测等研究方法,研究了非充分垮落采空区压实特征、非充分垮落采空区下重复采动围岩裂隙发育规律以及水和瓦斯渗流特征,研究成果为煤层群开采防治水和漏风提供了理论基础。取得了如下主要创新成果:

　　(1) 设计了可实现 CT 扫描原位破碎煤岩体的侧限压实装置,得出了不同粒径和不同级配的破碎煤岩体侧限压实的声发射特征、孔隙率特征和质量变化特征;采用 Sensor3D 语义分割模型,智能三维重构了不同应力状态下的破碎煤岩混合体,建立了破碎煤岩混合体的孔隙网络模型,揭示了孔隙结构变化特征和孔隙、喉道直径的变化规律;采用随机森林法,智能三维重构了裂隙岩体,建立了裂隙岩体的裂隙网络模型,对比分析了裂隙岩体的裂隙特征和破碎煤岩混合体的孔隙特征。

　　(2) 研究了非充分垮落采空区在重复采动前后的压实特征,揭示了非充分垮落采空区下重复采动前后的围岩裂隙发育规律,阐明了重复采动前后的围岩破坏形式,定量表征了非充分垮落采空区下重复采动前后围岩的裂隙发育程度,得出了层间距对非充分垮落采空区下重复采动围岩裂隙发育特征的影响规律。

　　(3) 实验研究了不同粒径和不同级配破碎煤岩体、弹性和裂隙煤岩体以及组合岩体的水和瓦斯渗流特征,构建了破碎煤岩体应力-孔隙-水渗流和破碎煤岩体应力-孔隙-瓦斯渗流耦合模型,掌握了裂隙煤岩体应力-瓦斯渗透率演化规律,得出了影响破碎煤岩体水和瓦斯渗透率的重要因素,得出了层间岩体裂隙发育程度对渗透率的影响规律。

　　(4) 建立了非充分垮落采空区下重复采动流固耦合离散元模型,模拟研究了非充分垮落采空区下重复采动围岩渗流特征,得出了层间距对非充分垮落采空区下重复采动围岩渗流特征的影响,应用到煤矿灾害防控实际中,提出了非充分垮落采空区下重复采动防治水和漏风的相关措施,实现了煤层群重复采动的安全高效开采。

　　本著作是在中国矿业大学屠世浩教授的悉心指导下完成的。在研究过程中,屠世浩教授给予了作者无微不至的关怀和照顾。值此著作付梓之际,作者谨向屠世浩教授致以最崇高的敬意和最诚挚的感谢！

中国矿业大学张磊教授、袁永教授、王方田教授、屠洪盛副教授、张源副教授、张凯讲师、郁邦永副教授、高杰工程师、宋万新工程师和谢卫宁高级实验师，以及中国地质大学（北京）白庆升教授、贵州大学王沉教授、中国矿业大学（北京）张村副教授、太原理工大学朱德福副教授等给予了许多有益的启示和热情的帮助，在此向他们表示衷心的感谢。本书的顺利完成离不开课题组师兄弟的鼎力相助，感谢师弟刘迅博士、李文龙博士、苗凯军博士、马杰阳博士、纪欣卓硕士、杨振乾硕士、唐龙博士、赵宏斌博士和李研硕士等在数值模拟和实验室测试过程中给予的帮助和支持。感谢中煤西北能源化工集团有限公司的李自雄经理和南梁煤矿的赵淑慧科长等现场技术人员在矿井现场实测中给予的帮助和支持。感谢安徽理工大学华心祝教授、石必明教授和马衍坤教授在本书出版过程中给予的支持和帮助。最后，感谢中国矿业大学出版社相关工作人员为本书的出版付出的辛勤劳动。

本书的出版得到了国家自然科学基金项目（U23A20601，52204123，51874281）、安徽理工大学引进人才科研启动基金项目（2021yjrc36）和煤矿安全高效开采省部共建教育部重点实验室、煤矿深井开采灾害防治技术科技研发平台、矿山安全高效开采安徽省高校工程技术研究中心的资助，在此一并致谢。

由于作者水平所限，书中难免存在不妥之处，恳请读者批评指正。

著　者

二〇二四年二月于安徽理工大学

目　　录

1 绪 论

1.1 研究背景与意义

近年来,随着矿井服务年限的延长和矿井采煤方法的日益发展,以及矿井开采强度的逐步增大,煤层群组中的上组煤层已基本开采结束,形成大量的上组煤层采空区[1]。而由于部分矿井的上组煤层开采历史悠久,开采的形式多样,以及部分矿井采用避免覆岩全部垮落的采煤方法,故而形成了不同形式的采空区,包括充分垮落采空区、非充分垮落采空区和未垮落采空区等。

其中,非充分垮落采空区与其他形式的采空区相比,具有以下特点:① 采空区垮落程度为非充分垮落,介于充分垮落与未垮落之间,采空区破碎岩体的压实和空隙分布特征不同于充分垮落[2];② 由于垮落不充分,采空区渗透性较强,采空区流场分布不同,采空区漏风和渗水强度较高;③ 间隔式煤柱群处于塑性稳定状态,下组煤顶板应力分布不均匀,煤柱下方区域为应力集中区,采空区下方区域为应力释放区。由于非充分垮落采空区存在以上相关特征,非充分垮落采空区具有独特的空间分布形态和应力、渗流特征等。

而煤层群下组煤层的进一步开采,必然会对上组煤层非充分垮落采空区造成重复扰动,影响并改变采空区的结构,同时增加煤层间岩层的裂隙发育程度,易使工作面漏风造成上组煤层采空区遗煤自燃,裂隙导通水源造成采空区积水甚至诱发透水事故,层间岩体突然垮塌或超过预期的地表下沉造成地质灾害,采空区产生的有毒有害气体等通过采动裂隙或采空区突然涌入下组煤层工作面,从而影响下组煤层工作面的安全高效开采[3-4](图 1-1)。因而研究重复采动条件下非充分垮落采空区和下煤层围岩的孔(裂)隙发育规律及渗流特征有其必要性。

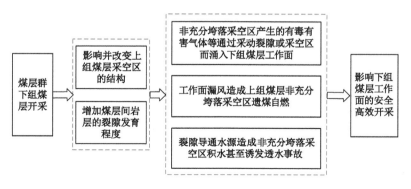

图 1-1 煤层群下组煤层重复采动灾害

因此,本书采用理论分析、实验室实验、数值模拟和现场实测相结合的方法,针对间隔式采煤法形成的非充分垮落采空区下重复采动进行研究,分析非充分垮落采空区内破碎煤岩体的侧限压实特征,结合现场调研数据,进行实验室原位力学模拟实验,对不同应力状态下的破碎煤岩体进行 CT 反演,得出破碎煤岩体的孔隙分布和演化特征;数值模拟间隔式采空区下重复采动,得出非充分垮落采空区重复采动前后的压实特征;对弹性和裂隙岩体进行 CT 反演,得出裂隙岩体的裂隙分布特征,数值模拟分析重复采动条件下非充分垮落采空区下层间岩体的裂隙演化规律和不同层间距对层间岩体裂隙演化的影响;实验室实验分析瓦斯气体和水在破碎煤岩体中的渗流特征;实验室实验分析"破碎煤岩体-裂隙岩体-弹性煤体"组合岩体中瓦斯气体和水的渗流特征,数值模拟进一步分析流体在非充分垮落采空区下重复采动后的渗流特征;并以陕北地区南梁煤矿为例进行案例应用研究,提出相应的防治水和漏风技术,进行现场实测与验证。研究结果可为预防非充分垮落采空区下煤层重复采动时采空区漏风、气体和水涌入工作面,以及为实现煤层群重复采动安全高效开采提供理论及实验基础。

1.2 国内外研究现状

1.2.1 非充分垮落采空区灾害研究

采空区顶板垮落情况主要取决于采煤方法、上覆岩层的分层厚度及岩性。随着煤层的逐渐推进,采空区面积逐渐扩大,煤层顶板的下部岩层因达到极限跨距而逐渐断裂、垮落[5]。非充分垮落采空区是指当顶板垮落的岩石不能完全充满采空区时,采空区岩石不能有效支承上覆岩层,上覆岩层部分呈悬空状态,采空区上覆未垮落岩层的重力将通过梁或板的形式传递到采空区周围的煤体或煤柱上,而采空区由于未完全充满,压实不够充分,其中流体的流动空间较大[5-6]。该种情况多由于开采历史悠久,采煤方法落后或采用刀柱式、间隔式等采煤方法,工作面推进距离较短而形成。

由于非充分垮落采空区在下组煤顶板应力分布、煤柱尺寸、破碎岩体压实与空隙分布和流场分布等方面的特性,下组煤层重复采动后容易产生如图 1-1 所示的相关灾害。目前,关于非充分垮落采空区灾害在应力方面的研究主要有:张勋[5]给出了大同矿区"双系"煤层群覆岩非充分垮落条件下煤柱的集中应力计算方法;朱德福等[7]采用理论分析与数值模拟的手段,针对冲沟地貌下间隔式非充分垮落采空区煤柱对下组煤顶板的采动应力分布规律与传播规律的影响进行了研究;田云鹏[8]、张付涛[9]则针对浅埋近距离煤层群上煤层采用间隔式开采,而下煤层采用长壁开采重复采动时下煤层上覆岩层的矿压规律与岩层控制问题进行了研究,基于能量释放理论,解释了非充分垮落采空区下顶板破裂的演化规律,确定了下煤层工作面的周期来压步距和间隔式煤柱群下方应力集中深度,并提出了相应的控制与防范措施;徐学锋等[10]针对巨厚上覆砾岩不能充分垮落的现象进行了数值模拟研究,认为在采空区周边煤层中形成"O"形支承压力圈;刘海胜[11]通过统计分析不同采高的 7 个浅埋煤层工作面的矿压数据认为,采高的变化改变了覆岩的运动空间,以及岩块的回转角和裂隙的发育程度,尤其是大采高工作面,由于采高较大,形成了非充分垮落采空区。

关于非充分垮落采空区灾害在流场方面的研究相对较少,高强[12]利用 Comsol 软件对地面钻井抽采条件下非充分垮落采空区中煤层气的渗流特性进行了研究,将非充分垮落采空区视为"空洞＋多孔介质"组合,划分了煤层气的高速流动区。

以上相关研究大多针对非充分垮落采空区煤柱对下组煤的集中应力与顶板破裂的演化影响或非充分垮落采空区中流场分布等灾害问题进行了研究,而针对非充分垮落采空区中流体在下伏煤层重复采动后可能导致的流体类灾害问题未进行深入研究;进一步深入研究上述问题可以预防流体类灾害的发生,实现非充分垮落采空区下煤层的安全高效开采。

1.2.2 采空区破碎岩体压实研究

随着工作面的推进,采空区的直接顶和上覆岩层以破碎岩体的形式垮落在采空区内并逐渐被压实,而采空区破碎岩体的压实程度影响着它的孔隙发育程度和渗透性以及承载能力[13-15]。关于影响采空区破碎岩体压实程度的因素,Zhang 等[13]认为主要是块度的减小和填料的重排,破碎煤岩的二次破碎和重排使垮落带的割线模量逐渐增大,而孔隙率逐渐减小。

由于破碎岩体存在于采空区内,故目前的研究大多以数值模拟和实验室实验为主,结合矿井地表沉陷等数据进行分析研究与反演。在数值模拟研究方面,朱德福等[14-15]基于3DEC 离散元模拟软件,提出了一种模拟三维破碎岩体压实的数值计算方法,较为真实地反映了破碎岩体的压实特性。白庆升等[16]基于采空区压实理论,对 FLAC3D 中的双屈服本构模型进行了二次开发和修正,得到了垮落带岩体的应力-应变关系,获得并验证了采空区和围岩对采动的真实响应。蒋力帅等[17]在分别采用双屈服本构模型和应变软化本构模型分析垮落带岩体的压实承载和裂隙带岩体的拉伸劣化力学特性的基础上,提出并验证了采动应力场和采空区破碎岩体压实承载的耦合分析方法。梁冰等[18]为研究采空区破碎岩体的碎胀特性对建立采空区水库的影响,对破碎岩体的应力和碎胀系数进行分区,建立了碎胀系数分布模型,得出了空隙储水体积。

在实验室研究方面,王平等[19]自制压实装置对软弱破碎围岩进行二次成岩压实,将二次成岩过程分为压实破碎和固结二次成岩两个阶段,认为偏心挤压和对心挤压是压实破碎阶段主要的力学机制,并采用破断指数表征岩块的破断难易程度。蔡毅等[20]为研究含水条件下采空区破碎岩体对地表沉陷变形的影响,分别对自然状态和饱水状态的破碎岩体进行加载实验,得出饱水状态下破碎岩体承载能力减弱,产生明显压缩变形的结论。郁邦永等[21-22]、Zhang 等[23]利用自制的压实装置(图 1-2)分别对饱水砂岩和两种不同岩性的岩体进行了破碎实验,基于分形理论和能量耗散理论研究了粒度的分布特征和耗散特征,得出了破碎岩体的分形维数。Fan 等[24]基于弹性理论提出了破碎岩体压实简化模型(图 1-3),假设两个相邻岩石颗粒之间的接触类似于立方体的接触,建立了应力-应变本构关系,并根据立方定律建立了压实岩体演化的渗透模型,得出颗粒弹性模量控制了完全压实破碎岩体的渗透率的结论。杜春志等[25]、陈佩[26]实验研究了不同岩性、不同粒径或不同孔隙率的破碎岩体压实后的渗流规律。

上述研究大多针对小尺度的破碎岩体压实特征与充分垮落采空区压实特征进行了数值模拟或对饱水状态下的破碎岩体压实特征进行了实验室实验。大多数情况下,上覆含水层中的水在工作面开采前即被探明疏放,而煤层开采形成采空区的短时间内,采空区内破碎岩体即被压实,在此过程中,采空区附近水源尚未通过隔水层裂隙或煤柱塑性区流动至

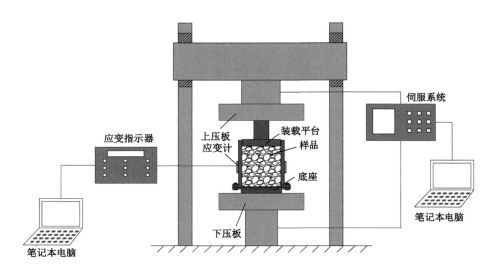

图 1-2　破碎岩石压实装置[23]

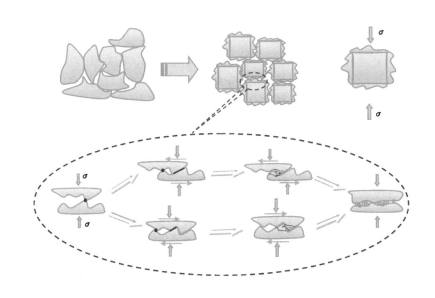

图 1-3　破碎岩体压实的简化模型[24]

采空区,尤其是非充分垮落采空区中破碎岩体的压实过程有其自身特征,因此,针对非充分垮落采空区中干燥破碎岩体进行非充分压实的实验研究就显得很有必要。

1.2.3　采空区空隙分布及流体流动研究

目前,关于煤岩体孔裂隙结构的实验室研究方法主要有以下几类:① 压汞法[27]和液氮法[28];② 吸附性气体体积法[29];③ 电镜扫描法[27];④ 无损检测技术,包括CT扫描[30-31]、核磁共振[32-34]、FIB-SEM[35]。而采空区破碎岩体,因其存在大量的空隙,为最大限度地真实反映采空区空隙分布特征,必须采用无损检测技术,本研究使用CT扫描技术对采空区的空隙结构进行统计分析和定量表征。CT 扫描技术,是一种利用 X 射线的穿透能力对物体内部进行无损检测的技术。目前,CT 扫描技术主要用于研究煤体中瓦斯吸附和运移[36-37]、煤体裂隙和孔隙的定量表征与三维重构[38-41]、揭示煤岩体在载荷作用下的变形特征及其机理[42-46]、识别评价煤体质量[47]、研究不同煤阶煤的孔裂隙变化规律[48]和多孔介质渗透率与裂隙的变化规律[49-50]等。

目前,关于采空区空隙分布的研究还较少,大多为采空区围岩裂隙的研究,如孙艳南[51]推导得出了应力波影响下采空区围岩裂隙扩展加速度的公式,以及转角形式的裂隙动态断裂准则。李建新[52]研究了水及地表列车动载荷对浅埋采空区上覆岩层变形破坏的影响,提出采用半充填注浆的办法处理采空区,以提高采空区的支承强度。

关于采空区中流体流动规律的研究则较多,其中,郁亚楠[53]、刘卫群等[54]采用数值模拟手段分别研究了 Y 形和 J 形通风方式下采空区的瓦斯流场,得出了两种类型通风方式下采空区破碎岩体的渗流特征和瓦斯浓度的分布规律。陈善乐[55]、张红升[56]、赵贺[57]、何晓晨[58]、Yavuz[59]利用理论分析和数值模拟的方法,对采空区流场进行了模拟,得出了采空区的渗透系数与瓦斯运移规律,并划分了采空区瓦斯流场,计算得出了流场的节点压力与压力分布规律。采空区漏风是引起采空区自燃和瓦斯涌出的关键因素,崔益源[60]、魏秉生[61]、王红刚[62]、Li[63]利用 SF_6 示踪气体以连续恒量释放法对采空区风流的真实运移轨迹进行了研究,测定了漏风量和漏风率等关键参数,并对采空区漏风流场进行了模拟仿真与验证。

在采空区瓦斯运移的理论研究方面,丁广骧等[64]、洪林等[65]、杨天鸿等[66]、裴桂红等[67]建立了采空区气体二维流动的非线性渗流数学模型,并分别采用有限元法和有限容积法对模型进行了求解;而顾润红[68]则建立了综放采空区三维空间的非线性渗流模型,推导出了黏性和惯性阻力损失系数;李宗翔等[69]根据采空区沿高度方向的冒落介质结构,将采空区简化为双分层渗流模型,并计算得出了采空区双分层的耗氧-升温分布特征;张效春[70]则针对大同矿区存在的多层采空区,提出了多层采空区局部动态平衡理论和多点调控反馈补偿整体平衡理论;Zhang 等[71]提出了一种采空区瓦斯通风孔附近渗透率的计算模型,计算结果表明采空区被完全压实后,采空区中部渗透性远小于采空区边缘;李晓飞[72]、李玉琼[73]分别基于煤体的双重孔隙特征建立了煤体双重孔隙钻孔瓦斯双渗流数学模型和非均质连续碎胀系数采空区模型,并利用 Fluent 等数值软件模拟了采空区瓦斯运移规律;宫凤强等[74]基于未确知测度理论,建立了采空区的危险性等级评价和排序模型,解决了采空区危险性评价中诸多因素具不确定性的问题;Miao 等[75]进行了破碎岩体中流体动力学研究,建立了破碎岩体渗流失稳的褶曲突变模型。在采空区瓦斯运移的实验室研究方面,研究人员主要对不同孔隙、不同粒径条件下破碎煤岩体(包括砂岩、页岩、泥岩、煤矸石和煤等)的渗透性进行了研究[76-81],得出了瓦斯在不同孔隙、不同粒径破碎煤岩体中的渗流规律,破碎煤岩体渗透率与孔隙率的关系和影响破碎煤岩体渗透率的因素。在采空区瓦斯运移的相似模拟研究方面,姜华[82]、王银辉[83]建立了采空区气体渗流的相似模拟实验平台。在采空区瓦斯运移的数值模拟研究方面,胡千庭等[84]、金龙哲等[85]、鹿存荣等[86]采用 Fluent 软件,模拟分析了采空区的风流速度场和瓦斯浓度场;李宗翔[87]采用迎风有限元解法,结合图形显示技术,求解得出了综放面采空区二维流场的瓦斯涌出-扩散方程;廖鹏翔[88]基于变渗透系数非线性迭代法得到了采空区流场非线性渗流的求解模型,并基于 ObjectARX 技术开发了采空区流场模拟软件,且验证了软件模拟结果的准确性。

　　另外,研究人员还结合具体的矿井地质条件,研究了不同地质条件下的采空区瓦斯运移规律。屠世浩等[89-90]、Guo 等[91]、秦伟[92]利用淮南某矿、岳城和晋圣煤矿工作面瓦斯抽采监测数据,研究了地面钻井抽采条件下采空区瓦斯的渗流特性;王沉等[93]、刘浩[94]、金铃子[95]分别以邹庄矿、石泉矿、塔山矿为工程背景,研究了采用采空区埋管、高位钻场抽采等技术条件下的采空区瓦斯分布规律;赵庆杰等[96]研究了太平矿六复采区采空区的流场流动规律;针对尾巷对采空区瓦斯流场的影响,王凯等[97]建立了含尾巷的采空区模型,解决了上隅角及尾巷口瓦斯浓度波动超限问题;李强等[98]、李昊天[99]、董钢锋[100]则针对近距离煤层开采时上覆采空区、邻近层对开采层采空区的瓦斯分布及流动规律影响进行了研究。关于采空区流体的流动规律,主要以瓦斯气体的研究为主,也包括其他的流体,如三相泡沫[101]、渗液[102]、氧气[103]等。部分研究人员针对采空区内复杂环境,进行了多场耦合作用下采空区瓦斯流动规律的研究,其中,张晓昕[104]、华明国[105]、王彪[106]、翟成[107]、王文学[108]、张村[109]、车强[110]、王月红等[111]分别进行了渗流场-应力场耦合、裂隙场-渗流场耦合、应力场-裂隙场-渗流场耦合、三维渗流场-浓度场-温度场耦合、气-固两场耦合作用对采空区瓦斯流动的影响研究。

　　以上研究大多针对充分垮落采空区中孔隙分布特征和流体流动规律进行了多场耦合的理论研究和数值模拟研究;而非充分垮落采空区由于其顶板垮落不充分,采空区中的孔隙分布和流体流动规律不同于充分垮落采空区。因此,需要针对非充分压实破碎煤岩体的孔隙分布特征和流体流动规律进行深入研究。

1.2.4　重复采动围岩裂隙演化及渗流研究

　　随着矿井开采深度的逐渐增加,煤层群开采相关问题逐步被重视,上覆采空区受到了重复采动的影响,尤为关键的是重复采动造成的煤层间岩体的裂隙发育程度是影响上覆采空区与本煤层工作面水或气体流动规律的重要因素[112-116]。因此,研究重复采动围岩的裂隙演化特征与渗流规律尤为重要。

　　李树刚等[117]运用分形几何理论研究了通过相似模拟获得的重复采动覆岩裂隙发育演化过程中的分形特征,结果表明,上、下煤层开采的裂隙分形维数与开采宽度分别呈线性和抛物线型关系。崔炎彬[118]研究了上保护层重复开采下被保护层在多次增透卸压后的瓦斯渗流规律。王振荣等[119]则针对多煤层重复采动条件下的导水裂隙带发育高度进行了研究,提出并验证了观测方法。在煤层群重复采动方面,李树刚等[120]、程志恒等[121]、潘瑞凯等[122]、王创业等[123]利用物理相似模拟的实验手段分别对比研究了单层和重复采动条件下覆岩移动特征、裂隙分布与演化规律、支承压力分布特征、采动裂隙椭抛带形态和裂隙带发育高度,结果表明,重复采动使得覆岩裂隙明显增多,裂隙区进一步发育,上覆岩层经历重复卸压,压实区产生收缩效应;胡成林[124]、姬俊燕[125]、Gao 等[126]、Ma 等[127]、齐消寒[128]、李斌[129]、余明高等[130]则利用 FLAC3D、UDEC、Comsol、Fluent 等数值模拟软件,模拟和分析了多煤层采动覆岩的裂隙发育和水、瓦斯的运移规律。

　　在实验室的研究中,一般把重复采动转化为循环加卸载条件,包括对不同循环加卸载参数条件下的煤岩样进行研究和分析。Liu 等[131]研究了频率对砂岩试件在围压循环加载下动力特性的影响,结果表明,频率对同一围压下的动力变形、动力刚度和破坏模式有很大的影响。Song 等[132]对砂岩进行了不同振幅的循环加载,然后结合数字图像分析确定加卸载过程中砂岩的表面应变,从而得到岩样损伤演化、裂纹形成和扩展直至失效的过程。He 等[133]对动态循环载荷作用下完整砂岩的强度和疲劳性能进行了实验研究,得出加载频率、振幅和速率对岩石力学性能有重要影响,与疲劳寿命之间呈 SN 曲线关系。Li 等[134]对煤岩体进行了不同加载速率的单轴循环加载实验,得出了不同加载速率下碎块的分形特征。Meng 等[135]研究了砂岩在不同加载速率单轴循环加卸载过程中的能量积累、演化、耗散特征和声发射特性,提出了等效能面的有效分析方法,从能量角度解释了微裂纹的萌生和扩展。Liu 等[136]采用一种基于能量耗散的损伤本构模型描述岩石在循环载荷作用下的行为,可以准确描述岩石的压实度。除了循环单轴加卸载外,研究人员还对三轴循环加卸载作用下煤岩样进行了研究,Taheri 等[137]研究了三轴单调和循环压缩实验中岩体峰值强度的变化,开发了一种峰值强度预测方法,结果表明,在较高应力下开始循环加载,则在较少的循环后岩体将失效。Yang 等[138]研究了大理岩在三轴循环载荷作用下的变形破坏特征,得出试件在循环载荷作用下的三轴强度近似等于单调载荷作用下的三轴强度,且随着循环次数的增加,弹性应变先增后减、塑性应变呈非线性增加的结论。Wang 等[139]研究了花岗岩在三轴压缩循环载荷作用下的疲劳性能,建立了相关的本构模型。另外,对于偏应力条件下的循环加卸载也有研究,如 Faoro 等[140]对偏应力循环加载的玄武岩和花岗岩进行了流动测试和热处理,研究了循环流体和裂纹损伤扩展之间的耦合关系,得出岩样的渗透性在低应力差下降低,在中应力差下增加,直至失效时达到稳定值的结论。关于拉伸和剪切方面的循环加卸载实验研究,Erarslan 等[141-143]和 Ghamgosar 等[144]首先研究了巴西劈裂试件在正弦循环加载和平均水平递增加载两种径向循环载荷作用方式下的应力-应变特性,测定了岩样的间接拉伸强度和循环载荷作用下间接拉伸强度的降低率;然后,以静态径向加载的作用方式加载具有倾斜裂纹 V 形缺口的巴西圆盘试件,得出裂纹萌生角是裂纹倾斜角的函数的结论,并采用 CT 扫描和数值模拟手段着重研究和分析了裂纹的产生和发展;之后,对比研究了巴西圆盘在静态和循环径向载荷下的拉伸断裂韧度响应,得出岩石的互锁和胶结颗粒等岩石结构对岩石的破坏行为和亚临界裂纹扩展有重要作用的结论。White[145]基于剪胀、表面退化和动剪切强度之间的内在联系,建立并验证了模拟粗节点的循环载荷作用下的三维本构模型。Mirzaghorbanali 等[146]对人造岩进行了循环加载剪切实验,得出随初始正应力的增大,剪切机理以微凸破坏为主的结论。

通过循环加卸载的力学实验可以得到煤岩体在循环加卸载条件下的裂隙演化规律,而进行循环加卸载的渗流实验则可以得到煤岩样在循环加卸载条件下的渗流特征。蔡波[147]利用含瓦斯煤热流固耦合三轴伺服渗流系统进行了三轴压缩渗流、循环载荷和峰前卸围压下的渗透率研究,认为煤样的应力-应变曲线形成的滞回环与循环加卸载次数有关,煤样变形和渗透率随循环次数的增加有相同变化趋势。王辰霖等[148-149]利用三轴加载煤岩渗流实验装置,针对不同高度的预制贯通裂隙煤体进行了轴压的循环加卸载实验,分析了循环加卸载条件下煤样的渗透率变化规律,得出预制裂隙煤体的渗透率与轴压之间呈负指数函数关系,渗透率对应力的敏感性随加卸载次数增加而降低,煤体的应力敏感性随高径比的增加而降低的结论。Jiang 等[150]研究了分层循环载荷作用下煤层的渗透特性、声发射特性和能量耗散特征,采用磁导率、阻尼比、声发射能量率和环数率进行描述,建立了含耗散能煤的损伤变量方程,得出渗透率的绝对回收率先降后升、相对回收率逐渐增加的结论。Zhang 等[151-153]分别研究了不同粒径煤岩样和单一贯穿裂隙煤岩样在循环加卸载条件下的应力-渗透率关系,得出不同粒径煤岩样的初次加卸载的应力敏感性和渗透率损失明显大于之后的加卸载,初始渗透率和孔隙压缩率随粒径的增大呈对数增长的结论,并基于赫兹接触变形原理对破碎煤样的颗粒变形进行了评价;单一贯穿裂隙煤样在循环加卸载过程中破裂面破碎-重新排列和压缩变形使渗透率急剧下降。

上述研究主要针对重复采动产生的围岩裂隙的演化特征与渗流特征进行了相似模拟和数值模拟研究,以及不同条件下循环加卸载的实验研究。由于非充分垮落采空区中顶板未充分垮落,煤层开采后上覆岩层的应力未充分传递给层间岩体,非充分垮落采空区下重复采动围岩裂隙的演化与渗流特征异于常见的充分垮落采空区下重复采动的情况。

1.3　主要研究内容、方法和技术路线

1.3.1　主要研究内容

基于进行非充分垮落采空区下重复采动研究的必要性,以及以上总结得出的关于非充分垮落采空区灾害、采空区破碎岩体压实、采空区孔隙分布与流体流动和重复采动围岩裂隙演化与渗流等方面的国内外研究现状,结合国家自然科学基金面上项目"浅埋煤层非充分垮落采空区下重复采动致灾机理",本书主要针对以下几个方面展开研究。

（1）重复采动前后非充分垮落采空区压实特征

自制 CT 扫描原位破碎岩体孔隙的侧压限制式压实装置,进行单一粒径和级配粒径破碎煤岩体的侧限压实实验,从压实强度、压实前后的质量变化特征、压实过程中的孔隙率变化特征和声发射特征等方面对压实特征进行研究。对不同应力状态下的破碎煤岩混合体进行 CT 扫描,并利用 Dragonfly 软件对破碎煤岩混合体进行智能三维重构,构建破碎煤岩混合体的孔隙网络模型,得出破碎煤岩混合体的孔隙变化特征。数值模拟对比研究间隔式采空区和长壁式采空区的顶板垮落特征以及间隔式采空区在重复采动前后的顶板垮落特征。

（2）非充分垮落采空区下重复采动围岩裂隙发育规律

基于重复采动前后层间岩体的应力路径,对粉砂岩、细砂岩、中砂岩和煤分别进行三轴压缩实验,得出相应的全应力-应变曲线。对弹性和裂隙粉砂岩分别进行 CT 扫描,并对裂隙粉砂岩进行智能三维重构,构建裂隙岩体的裂隙网络模型,得出裂隙岩体的裂隙演化特征。构建非充分垮落采空区离散元模型,提出定量表征岩体裂隙发育程度的岩体损伤度,数值模拟对比非充分垮落采空区下重复采动前后围岩的裂隙发育规律,对比得出非充分垮落采空区对重复采动后裂隙发育的影响,以及层间距对层间岩体裂隙发育的影响。

（3）破碎煤岩体和裂隙岩体水渗流特征

测试得出粉砂岩、细砂岩、中砂岩和煤的主要矿物组分,对不同粒径的破碎煤岩体进行水饱和浸泡实验,得出不同粒径破碎煤岩体的饱和含水率规律。基于重复采动前后层间岩体的应力路径,设计饱和破碎煤岩体、弹性和裂隙煤岩体以及组合岩体的水渗流实验方案。利用循环供水式破碎岩石渗透实验系统和 MTS815 电液伺服岩石实验系统分别进行饱和破碎煤岩体、弹性和裂隙煤岩体以及组合岩体的水渗流实验,得出饱和破碎煤岩体、弹性和裂隙煤岩体以及组合岩体的水渗流特征,构建饱和破碎煤岩体应力-孔隙-水渗流耦合模型。

（4）破碎煤岩体和裂隙岩体瓦斯渗流特征

基于重复采动前后层间岩体的应力路径,设计破碎煤岩体、弹性和裂隙煤岩体以及组合岩体的瓦斯渗流实验方案。利用受载煤体注气驱替瓦斯测试系统进行破碎煤岩体、弹性和裂隙煤岩体以及组合岩体的瓦斯渗流实验,得出破碎煤岩体、弹性和裂隙煤岩体以及组合岩体的瓦斯渗流特征,并与上述水渗流特征进行对比分析,构建破碎煤岩体应力-孔隙-瓦斯渗流耦合模型,得出裂隙煤岩体应力-轴向瓦斯渗透率演化规律。

（5）非充分垮落采空区下重复采动防治水和漏风技术

在明确非充分垮落采空区下重复采动灾害现状的基础上,构建非充分垮落采空区下重复采动的流固耦合模型,数值模拟得出重复采动后的渗流特征,对比得出层间距对重复采动后渗流特征的影响。提出具体的钻孔疏放水技术,将上覆采空区积水排出,并对累计排水量进行统计。提出立体式煤自燃防治方法防止采空区漏风,并对采空区和工作面上隅角的氧气、二氧化碳和一氧化碳等气体的浓度进行长期监测。

1.3.2　研究方法及技术路线

根据本书的研究内容,以中煤集团南梁煤矿为工程对象,运用采矿学、弹性力学、岩石力学和流体力学等相结合的理论方法,以实验室实验为主要研究方法,并借助 CT 三维重构反演、数值模拟与现场实测相结合的方法进行相互验证。

根据本书的研究内容与目标,本书拟采用的技术路线如图 1-4 所示。

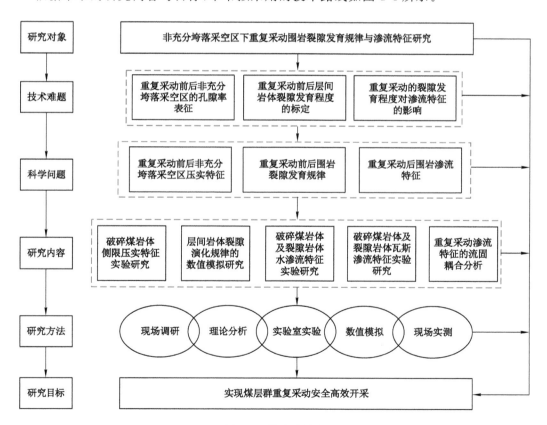

图 1-4　技术路线图

2 非充分垮落采空区压实特征

非充分垮落采空区主要包括间隔式采空区整个区域和长壁式采空区的弹塑性煤柱附近一定区域,其中,前者由在神府矿区的中、小型煤矿应用较为广泛的间隔式开采方法开采浅埋煤层群的上组煤层形成。

非充分垮落采空区由于其顶板垮落程度不充分,采空区对流体的渗透性较强,流场分布不同,漏风和渗水的强度较高,在开采非充分垮落采空区下煤层时存在透水和气体涌出的潜在风险,因此,确定其顶板垮落不充分的程度和采空区中破碎煤岩体压实程度,得出非充分垮落采空区的压实特征是研究非充分垮落采空区中破碎煤岩体渗透性的基础,对下组煤层的安全高效开采具有重要意义。

本章以南梁煤矿间隔式采空区的地质概况和技术条件为实例展开研究,采用理论研究、实验室实验、CT 三维重构反演和数值模拟等相互结合的方法,以不同粒径和级配条件下破碎煤岩体的压实特征为基础,结合间隔式采空区中破碎煤岩体的岩性及其比例等,揭示破碎煤岩混合体的压实特征,并与非充分垮落采空区中破碎煤岩体的压实特征进行对比,估算得出非充分垮落采空区的孔隙率,为下文进行非充分垮落采空区中破碎煤岩体渗流特征的研究奠定基础。

2.1 非充分压实特征理论研究

南梁煤矿采用间隔式采煤法开采了浅部的 2-2 煤层,形成了间隔式采空区,是一种主要的非充分垮落采空区形式[2];而随着下伏 3-1 煤层的逐渐开采,非充分垮落采空区进一步垮落。本节主要针对南梁煤矿间隔式开采形成的非充分垮落采空区在下伏煤层重复采动前后的垮落压实特征进行理论研究(图 2-1)。

非充分垮落采空区的压实特征与未垮落采空区和充分垮落采空区的主要区别在于破碎岩体的承载受力特征、顶板的破碎程度和破碎岩体的块度大小与分布等。因此,本节主要从以上三个方面对非充分垮落采空区的压实特征进行理论研究。

朱德福[2]针对南梁煤矿的间隔式采空区内破碎岩体和煤柱的承载特性进行了研究,得出南梁煤矿间隔式采空区内破碎岩体的碎胀系数为 1.47,平缓及冲沟地貌下采空区内破碎岩体的承载宽度分别为 18 m 和 20 m,基本顶中部的支承载荷最大,其最大值分别为 0.48 MPa 和 1.055 MPa,平缓及冲沟地貌下采空区内破碎岩体的承载大小分别为 4.49 MN 和 12.85 MN。根据式(2-1)可以得出间隔式采空区与煤柱上覆岩层的自重为 120.5 MN。对比以上数值,得出采空区内破碎岩体的承载远小于上覆岩层的自重,则可认为该采空区内破碎岩体未被压实,该采空区为非充分垮落采空区。

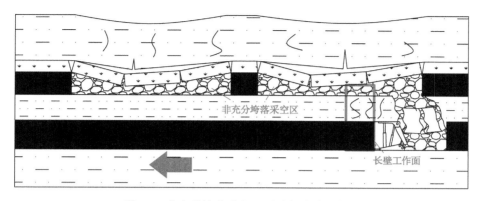

图 2-1 非充分垮落采空区下重复采动示意图

$$q_r = \gamma(h_s - h_k)(l_g + b_p)^{[2]} \tag{2-1}$$

式中，q_r 为上覆岩层自重，MN；γ 为上覆岩层重度，MN/m³；h_s 为上覆岩层的平均厚度，m；h_k 为垮落带高度，m；l_g 为采空区宽度，m；b_p 为间隔煤柱宽度，m。

因此，破碎岩体的承载小于其上覆岩层自重的采空区为非充分垮落采空区，而两者相等的采空区为充分垮落采空区。非充分垮落采空区的基本顶和破碎岩体、煤柱共同支承上覆岩层，故基本顶部分垮落成为破碎岩体的采空区为非充分垮落采空区，而基本顶全部垮落成为破碎岩体的采空区为充分垮落采空区，且根据朱德福[2]得出的非充分垮落采空区中部的基本顶断裂特征，可以认为非充分垮落采空区中部的基本顶破碎程度最高。

根据梁冰等[18]得出的浅埋采空区垮落岩体的碎胀系数与轴压的关系（图 2-2），可以得出非充分垮落采空区的碎胀系数大于充分垮落采空区的碎胀系数；依据缪协兴等[154]利用兖州矿区的煤岩样实验得出的岩石（煤）的碎胀特性，即破碎煤岩体的块度越小，碎胀系数越大（图 2-3），可以得出非充分垮落采空区内破碎岩体的块度或非充分垮落采空区内的大块破碎岩体的比例小于充分垮落采空区。

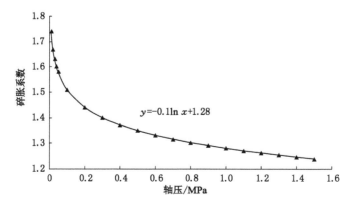

图 2-2 碎胀系数与轴压的关系[18]

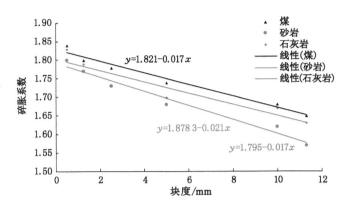

图 2-3 碎胀系数与块度的关系[154]

2.2 破碎煤岩体压实特征的实验研究

南梁煤矿 3-1 煤层的 30105 工作面顶板岩性以粉砂岩为主,顶板砂岩裂隙水为该工作面直接充水含水层,该含水层平均厚 13 m,呈浅灰色细粒砂岩或粉砂岩不等厚互层状。3-1 煤层上部即 2-2 煤层非充分垮落采空区,其采空区积水为工作面开采的主要充水水源。30105 工作面底板以粉砂岩为主,结构致密,裂隙不发育,含水微弱或不含水,为 30105 工作面回采的相对隔水层。

南梁煤矿 2-2 煤与 3-1 煤间距约为 35 m,其中 30 m 为粉砂岩,其余为泥岩、细砂岩等,因此,为方便进行实验研究,可将南梁煤矿 2-2 煤与 3-1 煤的层间岩体统一为粉砂岩。南梁煤矿的地质简表如表 2-1 所示。

表 2-1 南梁煤矿地质简表

岩层	岩性	厚度/m	埋深/m	主要灾害
顶板	粉砂岩	3.82	108.92	
上层煤	2-2 煤	2.25	111.17	
层间岩体	粉砂岩	35.00	146.17	水、瓦斯
下层煤	3-1 煤	2.62	148.79	
底板	粉砂岩	4.64	153.43	

非充分垮落采空区中遗留部分煤炭,使得采空区中存在破碎煤岩体,而 2-2 煤层的上覆岩层包括粉砂岩、细砂岩和中砂岩,因此,主要对破碎粉砂岩、细砂岩、中砂岩和煤进行压实力学实验。由于采空区中破碎煤岩体的大小不一,因此,需要分别对单一粒径和级配粒径的破碎煤岩体进行压实力学实验,得出不同粒径和不同级配方式下破碎煤岩体的压实特征,以及破碎煤岩体的粒径和级配指数对破碎煤岩体压实特征的影响,从而对比得出最接近非充分垮落采空区中破碎煤岩体真实比例的级配方式。

2.2.1 破碎煤岩样制备与碎胀系数

（1）煤岩样制备

从南梁煤矿的 3-1 煤层 30105 工作面取较大体积的煤块，从 30105 工作面的顶底板钻取直径为 70 mm 的岩心，用塑料薄膜包裹后运输至煤岩样加工处，加工成 ϕ50 mm×100 mm、50 mm×50 mm×50 mm 和 ϕ50 mm×25 mm 的标准煤岩样（图 2-4）。首先，利用标准煤岩样分别进行单轴抗压实验、巴西劈裂抗拉实验和角模压剪实验，测出其相应的力学参数。其次，将上述煤岩样破碎（由于盛装破碎岩石的缸筒内径 D 为 50 mm，根据岩石实验的样品要求，即缸筒内径与试样直径 d 的比值应满足 $D/d > 5$，所以实验中破碎煤岩体的最大粒径为 10 mm），然后利用高频振动筛将破碎后的煤岩颗粒筛分成粒径为 1.0～2.5 mm，2.5～5.0 mm 和 5.0～10.0 mm 的样品，不同粒径的破碎岩样和煤样分别如图 2-5 和图 2-6 所示。

图 2-4　标准煤岩样

(a) 1.0~2.5 mm　　　　　(b) 2.5~5.0 mm　　　　　(c) 5.0~10.0 mm

图 2-5　不同粒径的破碎岩样

将一定质量的中砂岩、细砂岩、粉砂岩和煤进行破碎后，得到了不同粒径破碎煤岩体的质量及其比例（表 2-2 和表 2-3）。图 2-7 为不同岩性不同破碎粒径范围的质量占比示意图。由表 2-2、表 2-3 和图 2-7 可以看出，不同煤岩破碎后的粒径分布规律为 5.0～10.0 mm 的大粒径破碎煤岩体占比最多，且随着破碎煤岩体粒径的减小，其质量占比先降低后升高。由于粒径为 0～1.0 mm 的破碎煤岩体几乎为粉末状，不适宜进行压实和渗流实验，故本书中不对其进行深入研究。

（a）1.0~2.5 mm　　　　　　（b）2.5~5.0 mm　　　　　　（c）5.0~10.0 mm

图 2-6　不同粒径的破碎煤样

表 2-2　破碎岩体不同粒径质量及其比例

粒径/mm		0~1.0	1.0~2.5	2.5~5.0	5.0~10.0
中砂岩	质量/kg	2.10	1.06	2.18	4.92
	占比/%	20.47	10.33	21.25	47.95
细砂岩	质量/kg	2.07	1.71	3.79	9.98
	占比/%	11.79	9.74	21.60	56.87
粉砂岩	质量/kg	4.45	1.83	3.88	9.79
	占比/%	22.31	9.17	19.45	49.07

表 2-3　破碎煤体不同粒径质量及其比例

粒径/mm		0~1.0	1.0~2.5	2.5~5.0	5.0~10.0
煤	质量/kg	264.8	245.6	473.8	1 452.4
	占比/%	10.87	10.08	19.45	59.61

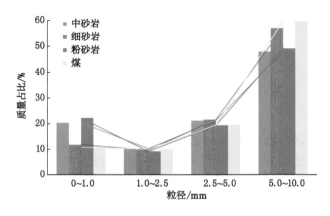

图 2-7　不同煤岩破碎后的各粒径质量占比

（2）破碎煤岩体碎胀系数测定

上节得出破碎煤岩体的碎胀系数与轴压有一定关系，因此，在对破碎煤岩体进行压实实验前，需要测出不同粒径破碎煤岩体的碎胀系数。

岩石的碎胀系数计算公式为：

$$c_b = \frac{V_0{'}}{V_0} \tag{2-2}$$

式中，V_0 为岩石破碎前体积，mm^3；$V_0{'}$ 为岩石破碎后体积，mm^3。

由于岩石破碎前后的质量一定，将破碎煤岩体放入与完整弹性的标准煤岩样直径一致的容器后，则可得出破碎煤岩体的碎胀系数：

$$c_b = \frac{h_y m_1}{m_2 h_0} \tag{2-3}$$

式中，c_b 为碎胀系数；m_1 和 m_2 分别为完整弹性标准煤岩样（$\phi 50\ mm \times 100\ mm$）的质量和破碎煤岩体的质量；$h_0$ 和 h_y 分别为完整弹性标准煤岩样和侧限压实前破碎煤岩体（底面直径为 50 mm）对应的高度。

取完整弹性的标准煤岩样（$\phi 50\ mm \times 100\ mm$），测出其实际质量和高度，并将其换算为 250 g 所对应的高度（底面积相同），然后将 250 g 破碎煤岩体放入侧限压实装置中，测出其未加载时的高度，两者之比即其未加载时的碎胀系数（弹性煤体与破碎煤体的质量均为 250 g）。将同一粒径范围的破碎煤岩体进行均匀混合，测出其未加载时的碎胀系数，每种岩性测试 8 次，取平均值为其碎胀系数，不同岩性不同粒径范围破碎煤岩体的碎胀系数如表 2-4 所示。由表 2-4 可知，随着破碎煤岩体粒径范围的增大，碎胀系数总体上呈现逐渐降低的趋势，与缪协兴等[154]得出的结论一致。

表 2-4　单一粒径破碎煤岩体的碎胀系数

粒径/mm	粉砂岩	细砂岩	中砂岩	煤
1.0～2.5	2.01	2.02	1.89	2.04
2.5～5.0	2.04	2.00	1.86	2.02
5.0～10.0	2.00	1.94	1.80	1.97

2.2.2　单一粒径破碎煤岩体压实特征

针对破碎煤岩体的压实特征，本书主要从压实强度、压实前后各粒径范围破碎煤岩体的质量变化特征、压实过程中的孔隙率变化特征和声发射特征等四个方面进行研究。

（1）压实强度

为研究破碎煤岩体的压实特征，在参考郁邦永等[21]和李俊孟[155]自制的压实装置的基础上，自主设计了一种 CT 扫描原位破碎煤岩体孔隙的侧压限制式压实装置（如图 2-8 所示，简称为"破碎煤岩体侧限压实装置"）。该装置主要采用尼龙材料制成，尼龙是机械性能优异、耐磨、耐高温 260 ℃ 的半结晶性、热塑性的塑料，且其成本相对较低，在实验室实验中具有一定的实用性。该装置可以对压实过程中的破碎煤岩体进行侧压限制，以避免破碎煤岩体散落；螺栓 1 可将压力柱锁死，以防破碎煤岩体在压力卸载后产生新的移动；另外，X 射线可透过尼龙,可实现对破碎煤岩体在压实过程中任一时刻的原位孔隙空间进行扫描。

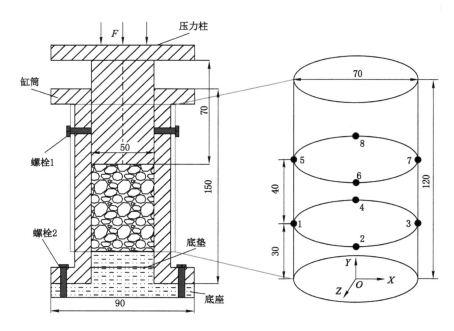

图 2-8　CT 扫描原位破碎煤岩体孔隙的侧压限制式压实装置及声发射定位点

由于破碎煤岩体侧限压实装置的缸筒壁厚为 10 mm,且刚度很大,因此,在加载过程中缸筒的径向变形可忽略不计。对破碎煤岩体进行轴向加载时,可将破碎煤岩体视为一个整体,轴向应力和应变均为其整体的应力和应变,其轴向应力如下:

$$\sigma_y = \frac{4F_b}{\pi d_c^2} \tag{2-4}$$

式中,F_b 和 d_c 分别为破碎煤岩体侧限压实装置的轴向加载力和缸筒直径。

将不同粒径范围的中砂岩、细砂岩和粉砂岩的 250 g 破碎岩体颗粒以单一粒径形式分别放入图 2-8 所示的破碎煤岩体侧限压实装置中(形成类标准样),利用 MTS 电液伺服岩石力学实验系统对其进行加载,加载速率均为 0.8 mm/min,得出如表 2-5 所示的单一粒径破碎岩体的压实强度和如图 2-9 所示的单一粒径破碎岩体压实的应力-应变曲线(为便于比较,本书中统一以 250 g 岩样被压缩至 65 mm 时的强度作为单一粒径破碎岩体的压实强度)。

表 2-5　单一粒径破碎岩体的压实强度

岩性	压实强度/MPa		
	粒径 1.0~2.5 mm	粒径 2.5~5.0 mm	粒径 5.0~10.0 mm
中砂岩	23.26	20.19	19.87
细砂岩	22.57	18.27	17.74
粉砂岩	23.92	23.63	22.98

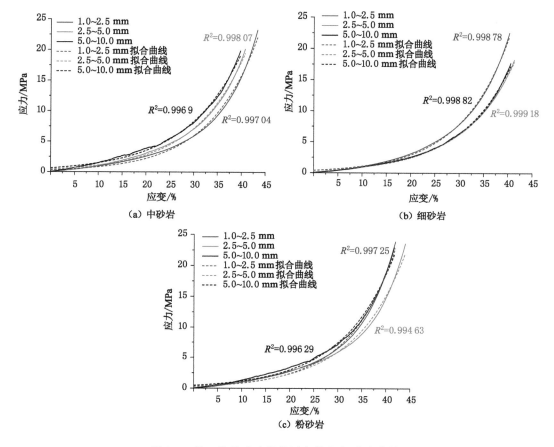

图 2-9　单一粒径破碎岩体压实的应力-应变曲线

由表 2-5 和图 2-9 可知,随着应力的增加,破碎岩体侧限压实的轴向应变逐渐增加,但增加幅度逐渐减小;相同岩性的破碎岩体,随着破碎岩体粒径范围的增加,压实强度逐渐降低。破碎岩体作为一种散体材料,其变形多是不可恢复的结构变形,因此,可认为研究破碎煤岩体的循环加卸载意义不大,只需针对破碎煤岩体进行侧限压实的研究即可。对单一粒径破碎岩体侧限压实的应力-应变曲线进行拟合,得出应力和应变之间满足指数函数关系,其具体的拟合公式如式(2-5)所示,相应的拟合参数如表 2-6 所示。

$$\sigma_y = a_1 e^{b_1 \varepsilon_y} \tag{2-5}$$

式中,σ_y 和 ε_y 分别为破碎岩体侧限压实的应力和应变;a_1 和 b_1 为拟合参数。

表 2-6　单一粒径破碎岩体压实的应力-应变拟合曲线参数

岩　性	粒径/mm	拟合参数 a_1	拟合参数 b_1
中砂岩	1.0~2.5	0.311 23	0.098 32
	2.5~5.0	0.435 67	0.093 27
	5.0~10.0	0.636 06	0.085 63

表 2-6（续）

岩　性	粒径/mm	拟合参数 a_1	拟合参数 b_1
细砂岩	1.0～2.5	0.403 84	0.099 92
	2.5～5.0	0.384 67	0.092 99
	5.0～10.0	0.372 13	0.094 57
粉砂岩	1.0～2.5	0.301 68	0.103 22
	2.5～5.0	0.355 06	0.091 54
	5.0～10.0	0.479 38	0.091 54

将破碎煤岩体侧限压实过程中减小的体积与破碎煤岩体加载前的体积之比称为破碎煤岩体的压实度。即破碎煤岩体的压实度为：

$$K_{ys} = \frac{\Delta V_y}{V_0'} \qquad (2\text{-}6)$$

破碎煤岩体侧限压实过程中的横截面积相同，因此，式（2-6）也可表示为：

$$K_{ys} = \frac{\Delta V_y}{V_0'} = \frac{\Delta h_y}{h_y} = \varepsilon_y \qquad (2\text{-}7)$$

式中，K_{ys} 为破碎煤岩体的压实度；V_0' 和 ΔV_y 分别为破碎煤岩体侧限压实加载前的体积和压实过程中减小的体积；h_y 和 Δh_y 分别为破碎煤岩体侧限压实加载前的高度和压实过程中减小的高度；ε_y 为破碎煤岩体侧限压实的轴向应变。

由式（2-7）可知，破碎煤岩体的压实度即其轴向应变；随着轴向应力的加载，压实度逐渐增大，但增大幅度逐渐减小。

（2）质量变化特征

对单一粒径破碎岩体压实后的散体进行称重，得出压实后不同粒径范围的质量及其占比（表 2-7）。由于破碎岩体侧限压实后，需要对其进行松动、筛分，从而不可避免地造成压实后不同粒径破碎岩体质量之和略小于压实前的质量。由表 2-7 可知，单一粒径破碎岩体侧限压实后，均破碎为小于或等于原粒径范围的破碎岩体，且小于原粒径范围的各粒径破碎岩体质量之和大于原粒径范围的破碎岩体质量，原粒径范围的破碎岩体质量占比约为 40%。破碎岩体侧限压实过程中，固体颗粒存在进一步破碎的现象，破碎岩体间的接触多为点接触，触点的应力较高，这使得岩体棱角极易破碎成为小颗粒并充填孔隙空间，从而使得破碎岩体更加密实。

表 2-7　单一粒径破碎岩体压实后不同粒径范围的质量及其占比

压实前粒径/mm	1～2.5				2.5～5				5～10			
压实后粒径/mm	0～1	1～2.5	2.5～5	5～10	0～1	1～2.5	2.5～5	5～10	0～1	1～2.5	2.5～5	5～10
中砂岩质量/g	131.2	118.4	—	—	74.9	67.8	106.9	—	45.5	32.0	69.7	102.8
比例/%	52.56	47.44	—	—	30.01	27.16	42.83	—	18.20	12.80	27.88	41.12
细砂岩质量/g	144.5	105.4	—	—	78.9	80.4	90.7	—	43.2	40.1	69.1	97.6
比例/%	57.82	42.18	—	—	31.56	32.16	36.28	—	17.28	16.04	27.64	39.04
粉砂岩质量/g	152.3	97.4	—	—	89.8	52.9	106.9	—	59.3	28.0	55.3	107.4
比例/%	60.99	39.01	—	—	35.98	21.19	42.83	—	23.72	11.20	22.12	42.96

（3）孔隙率变化特征

破碎煤岩体由松散的大小不同的块状颗粒混合而成，因此，可称之为散体，属于典型的多孔介质。由于各散体之间的空隙远大于固体基质内的孔隙，故破碎岩体的孔隙率即散体之间的空隙率。破碎岩体的孔隙率依赖于各散体的形状、粒径分布和排列方式。此处孔隙率变化特征为破碎煤岩体在侧限压实条件下的孔隙率变化特征。

破碎前煤岩体的体积为：

$$V_0 = \frac{m}{\rho} \tag{2-8}$$

破碎后煤岩体的初始体积为：

$$V_0{'} = A_c h_y = \frac{\pi d_c^2}{4} h_y \tag{2-9}$$

破碎煤岩体的初始孔隙率为：

$$\varphi_0 = \frac{V_0{'} - V_0}{V_0{'}} = 1 - \frac{m}{\rho A_c h_y} \tag{2-10}$$

在侧限压实过程中，不同应力状态下的破碎煤岩体高度为：

$$h = h_y - \Delta h_y \tag{2-11}$$

在侧限压实过程中，不同应力状态下的破碎煤岩体孔隙率为：

$$\varphi = 1 - \frac{m}{\rho A_c (h_y - \Delta h_y)} = 1 - \frac{4m}{\rho \pi d_c^2 (h_y - \Delta h_y)} \tag{2-12}$$

式中，m 为煤岩样质量；ρ 为煤岩样密度；h_y 为煤岩样初始高度；d_c 为缸筒内径；$V_0{'}$ 为破碎煤岩体侧限压实的初始体积；V_0 为破碎前煤岩样体积；Δh_y 为破碎煤岩体压缩高度；A_c 为缸筒截面积；φ_0 为破碎煤岩体侧限压实初始孔隙率。

根据式(2-12)计算得出了不同应力状态下的单一粒径破碎岩体侧限压实孔隙率，其变化曲线如图 2-10 所示。由图 2-10 可知，随着应力的增加，孔隙率逐渐降低，且孔隙率降低幅度逐渐减小，初始孔隙率为 50% 左右，压实后孔隙率为 15% 左右。破碎岩体在轴压的作用下，克服颗粒间的摩擦阻力，滑动或滚动移位到更为密实和稳定的相对平衡位置，且该平衡位置随着轴压的增加会逐渐变动，即该平衡为动态平衡，直至破碎岩体间孔隙足够小时破碎岩体不再移位，从而使得破碎岩体的孔隙体积逐渐减小，孔隙率逐渐降低。

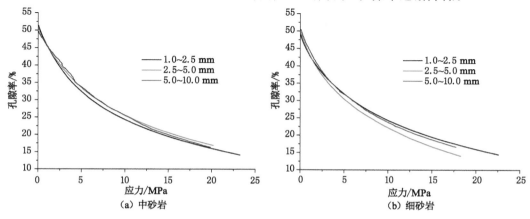

（a）中砂岩　　　　　（b）细砂岩

图 2-10　单一粒径破碎岩体孔隙率变化曲线

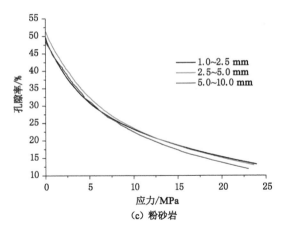

（c）粉砂岩

图 2-10（续）

（4）声发射特征

为了对破碎煤岩体的压实过程进行实时监测，采用 8 通道 Express-8 声发射系统采集卡对实验过程中产生的声发射信号进行实时监测[156]，门槛值设定为 50 dB，在侧限压实装置外粘贴声发射探头，其定位点如图 2-8 所示。每次实验前进行断铅实验以确认探头是否粘牢。由表 2-1 可知，3-1 煤层与 2-2 煤层间的岩层主要为粉砂岩，因此，本节只针对单一粒径破碎粉砂岩侧限压实过程中的声发射特征进行分析。图 2-11 所示为单一粒径破碎粉砂岩侧限压实过程中的应力-撞击次数、应力-能量和声发射定位，其中，定位主要是根据不同位置产生的能量强弱进行区分的。由图 2-11 可知，在声发射特征方面，破碎岩体的压实过程与常规的单轴压缩或三轴压缩表现为当应力增加到抗压强度附近时出现大量声发射信号不同，在整个破碎岩体侧限压实过程中均有大量的声发射信号产生，即破碎岩体间一直在产生挤压作用，再次甚至多次重新破碎和组合为新的破碎岩体。由图 2-11 可知，随着应力的加载，破碎岩体间挤压产生的声发射的撞击次数逐渐增加（平均撞击次数约为 15 次/s），能量逐渐增大（平均能量约为 0.3×10^3 aJ/s）（1 aJ 相当于 10^{-18} J），即应力的逐渐加载加剧了破碎岩体间的挤压。由声发射定位图可以看出，随着破碎岩体粒径范围的增加，低能量的位置点数逐渐减少，且定位点大多位于破碎岩体中心附近，这说明中心附近的挤压作用要远远大于边界附近；另外，大多数定位点位于中上部，而下部较少，这说明破碎岩体在侧限压实的过程中，随着应力的逐渐加载，破碎岩体从上而下逐渐压实。结果表明，声发射监测可以更好地对破碎煤岩体的压实过程进行实时监测。

（5）破碎煤岩体侧限压实阶段

将破碎煤岩体压实过程中的轴向应力与轴向应变之比称为破碎煤岩体压缩模量。破碎煤岩体压缩模量的计算公式如下：

$$E_y = \frac{\sigma_y}{\varepsilon_y} \tag{2-13}$$

式中，E_y 为破碎煤岩体的压缩模量；σ_y 和 ε_y 分别为破碎煤岩体侧限压实的轴向应力和轴向应变。

以 5.0～10.0 mm 的破碎粉砂岩的侧限压实过程为例（图 2-12），结合破碎粉砂岩侧限

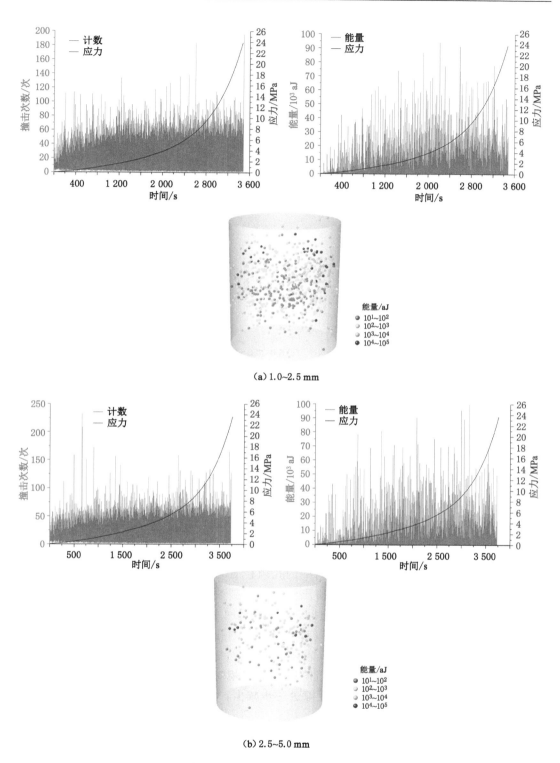

（a）1.0~2.5 mm

（b）2.5~5.0 mm

图 2-11　单一粒径破碎粉砂岩侧限压实的声发射特征

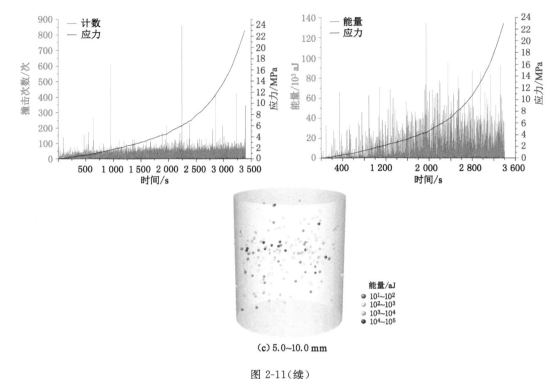

(c)5.0~10.0 mm

图 2-11(续)

压实过程中的应力、声发射撞击次数和压缩模量,对破碎煤岩体的侧限压实过程进行阶段划分。由图 2-12 可知,随着应力的加载,破碎岩体的压缩模量先急剧降低,然后缓慢线性增加,最后呈非线性增加。因此,可以将破碎岩体的侧限压实分为三个阶段,依次为空隙压密阶段、孔隙压密阶段和颗粒重组阶段。此处,孔隙和空隙的区分主要在于尺寸是否大于初始破碎岩体粒径,尺寸大于初始破碎岩体粒径即空隙,尺寸小于初始破碎岩体粒径即孔隙。空隙压密阶段指应力开始加载后,破碎岩体由松散的状态逐渐转变为挤压状态;这个阶段的时间很短,在此阶段,破碎岩体间几乎不产生挤压作用,应变的增加主要体现为破碎岩体间大空隙的减少。孔隙压密阶段指随着应力的继续加载,破碎岩体间逐渐开始挤压,且由于外力的作用,破碎岩体被迫寻找空间中的孔隙位置;这个阶段的时间较长,在此阶段,破碎岩体间相互挤压,部分破碎岩体受挤压作用重新破裂为新的更小的破碎岩体,新的破碎岩体又被挤压到破碎岩体间的孔隙空间,应变的增加主要体现为破碎岩体间小孔隙的减少。颗粒重组阶段指随着应力的加载,破碎岩体间的孔隙逐渐减少,破碎岩体重新组合为新的破碎岩体,但此时的重组只是破碎岩体相互贴合,撤去侧限后,一旦给予一个较小的外力,破碎岩体就会相互脱离。颗粒重组阶段的时间相对较长,应变的增加主要体现为破碎岩体颗粒的重新组合,破碎岩体间的孔隙进一步减少。

2.2.3 单一粒径破碎煤体压实特征

(1)压实强度

将不同粒径的 150 g 破碎煤体分别放入破碎煤岩体侧限压实装置中形成类标准样,利用 MTS 电液伺服岩石力学实验系统得出了单一粒径破碎煤体的压实强度以及应力-应变

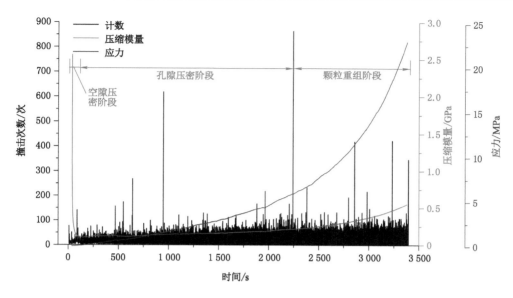

图 2-12 破碎岩体压实阶段划分

曲线(本书以破碎煤体压缩约 45 mm 时的强度为单一粒径破碎煤体的压实强度),分别如表 2-8 和图 2-13 所示。由表 2-8 和图 2-13 可知,随着应力的加载,破碎煤体的应变逐渐增加,增加幅度逐渐降低;随着破碎煤体粒径范围的增大,其压实强度逐渐减小;相同应力条件下,破碎煤体的粒径范围越大,应变越大。

表 2-8 单一粒径破碎煤体的压实强度

岩性	压实强度/MPa		
破碎煤体	粒径 1.0~2.5 mm	粒径 2.5~5.0 mm	粒径 5.0~10.0 mm
	14.49	12.23	11.18

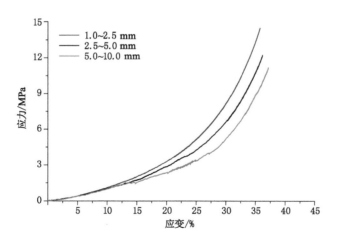

图 2-13 单一粒径破碎煤体侧限压实的应力-应变曲线

（2）质量变化特征

对单一粒径破碎煤体压实后的散体进行松动、筛分和称重后,得出了压实后不同粒径范围的质量及其占比（表 2-9）。由表 2-9 可知,单一粒径破碎煤体侧限压实后,均破碎为小于或等于原粒径范围的破碎煤体,且小于原粒径范围的各粒径破碎煤体质量之和大于原粒径范围的破碎煤体质量,破碎后原粒径范围的破碎煤体质量占比约为 40%。

表 2-9　破碎煤体压实后不同粒径范围的质量及其占比

压实前粒径/mm	1.0~2.5				2.5~5.0				5.0~10.0			
压实后粒径/mm	0~1.0	1~2.5	2.5~5	5~10	0~1	1~2.5	2.5~5	5~10	0~1	1~2.5	2.5~5	5~10
煤质量/g	76.2	73.5	—	—	46.5	42.7	60.4	—	32.7	24.5	30.6	62.1
比例/%	50.90	49.10	—	—	31.08	28.54	40.37	—	21.81	16.34	20.41	41.43

（3）孔隙率变化特征

根据式（2-12）计算得出了不同应力状态下的单一粒径破碎煤体侧限压实孔隙率,其变化曲线如图 2-14 所示。由图 2-14 可知,随着应力的增加,孔隙率逐渐降低,且孔隙率降低幅度逐渐降低,初始孔隙率为 50% 左右,压实后孔隙率为 20% 左右。相同应力条件下,随着破碎煤体粒径范围的增大,孔隙率减小,且减小幅度增大。

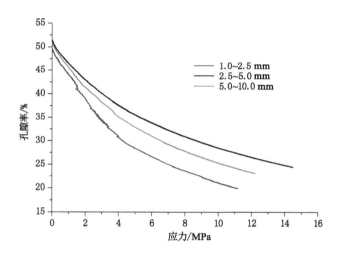

图 2-14　单一粒径破碎煤体侧限压实孔隙率变化曲线

（4）相同粒径破碎煤体压实声发射特征

图 2-15 所示为单一粒径破碎煤体侧限压实过程中的应力-撞击次数、应力-能量和声发射定位。由图 2-15 可知,随着应力的加载,破碎煤体间挤压产生的声发射的撞击次数逐渐增加（平均撞击次数约为 40 次/s）,能量逐渐增大（平均能量约为 5.0×10^3 aJ/s）,即应力的逐渐加载加剧了破碎煤体间的挤压;且单一粒径破碎煤体侧限压实产生的平均撞击次数和平均能量远大于单一粒径破碎岩体,即由于煤体的抗压强度较低,破碎煤体间产生的挤压作用远大于破碎岩体。由声发射定位图可以看出,随着破碎煤体粒径范围的增加,低能量的位置点数逐渐减少,且定位点大多位于破碎煤体中心附近,这说明中心附近的挤压作用

要远远大于边界附近。另外,从声发射定位图也可以得出,破碎煤体间挤压产生的能量级数远大于破碎岩体。

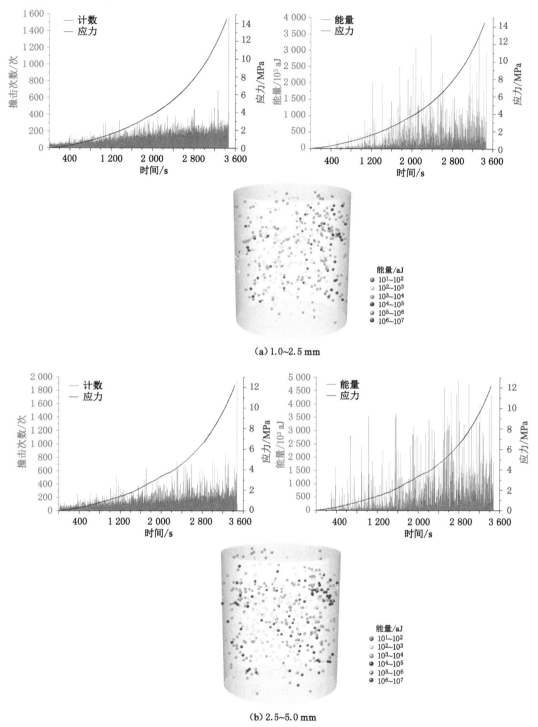

(a) 1.0~2.5 mm

(b) 2.5~5.0 mm

图 2-15 单一粒径破碎煤体侧限压实的声发射特征

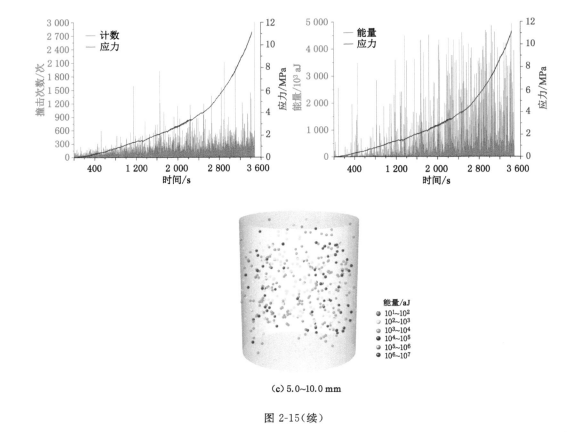

(c) 5.0~10.0 mm

图 2-15(续)

2.2.4 级配粒径破碎岩体压实特征

（1）Talbot 级配理论

由于煤矿现场中，各个粒径范围的破碎矸石均存在，因此，要进行采空区破碎煤岩体的实验室模拟实验，必须进行不同级配破碎煤岩体的压实实验。为了进行合理的破碎煤岩体级配，本书采用 Talbot 连续级配方式进行破碎煤岩体的级配，该级配方式下不同级配指数的破碎煤岩体比例较为接近不同垮落程度采空区中的破碎煤岩体比例。

Talbot 级配公式为[157]：

$$P_i = \left(\frac{d_i}{d_M}\right)^n \times 100\% \qquad (2\text{-}14)$$

式中，d_i 为岩石颗粒粒径，mm；d_M 为岩石颗粒的最大粒径，mm；P_i 为岩样中粒径小于或等于 d_i 的岩石颗粒质量分数；n 为 Talbot 幂指数。

为与单一粒径破碎岩体的侧限压实特征进行对比，级配粒径破碎岩体的总质量也设定为 250 g。根据式（2-14）计算得出不同 Talbot 幂指数对应的各粒径范围内破碎岩体质量，如表 2-10 所示。由表 2-10 可知，随着 Talbot 幂指数的增加，5.0～10.0 mm 的破碎岩体质量逐渐增加，1.0～2.5 mm 的破碎岩体质量逐渐降低。

表 2-10　级配粒径破碎岩体的质量分布

Talbot 幂指数	质量/g		
	粒径 1.0～2.5 mm	粒径 2.5～5.0 mm	粒径 5.0～10.0 mm
0.1	92.7	75.9	81.4
0.2	86.0	76.3	87.7
0.4	73.2	76.2	100.6
0.6	61.4	75.0	113.6
0.8	50.9	72.6	126.5

（2）碎胀系数

对不同粒径的破碎粉砂岩、细砂岩和中砂岩，分别按照表 2-10 所示的级配粒径破碎岩体质量分布进行级配混合，然后放入破碎煤岩体侧限压实装置中，测出其未加载时的高度，每个 Talbot 幂指数下的高度测试 8 次，取其平均值，然后按照式（2-3）计算得出级配粒径破碎岩体的碎胀系数（表 2-11）。由表 2-11 可知，不同级配指数的破碎岩体碎胀系数相差较小，平均值约为 1.76，小于表 2-4 所示的单一粒径破碎岩体的碎胀系数。

表 2-11　级配粒径破碎岩体的碎胀系数

Talbot 幂指数	碎胀系数		
	粉砂岩	细砂岩	中砂岩
0.1	1.78	1.78	1.72
0.2	1.80	1.79	1.71
0.4	1.84	1.79	1.67
0.6	1.82	1.76	1.69
0.8	1.80	1.79	1.71

（3）压实强度

利用 MTS 电液伺服岩石力学实验系统对级配粒径的破碎岩体进行侧限压实，同时监测加载过程中产生的声发射信号。采用位移控制的方式进行加载，加载速率为 0.8 mm/min（为便于比较，本书中默认级配粒径破碎岩体加载至 16 MPa 时为压实状态），得出并对比了不同级配破碎岩体的侧限压实的应力-应变曲线、压实前后各粒径破碎岩体的质量变化特征、孔隙率变化特征和声发射特征。

图 2-16 所示为级配粒径破碎岩体侧限压实的应力-应变曲线。由图 2-16 可知，随着应力的加载，级配粒径破碎岩体侧限压实的应变逐渐增加，增加幅度逐渐降低。由于级配粒径破碎岩体间排列方式的巨大差异，在相同应力条件下，不同级配破碎岩体产生的应变差异性较大，可比性相对较差。压实后，级配粒径破碎岩体的平均应变约为 30%，粉砂岩和细砂岩的应变相较中砂岩要大。

（4）质量变化特征

对压实后的级配粒径破碎岩体进行松动、筛分和称重后，得出了压实后不同粒径范围的质量及其比例（表 2-12）。由表 2-12 可知，级配粒径破碎岩体侧限压实后，各粒径范围的

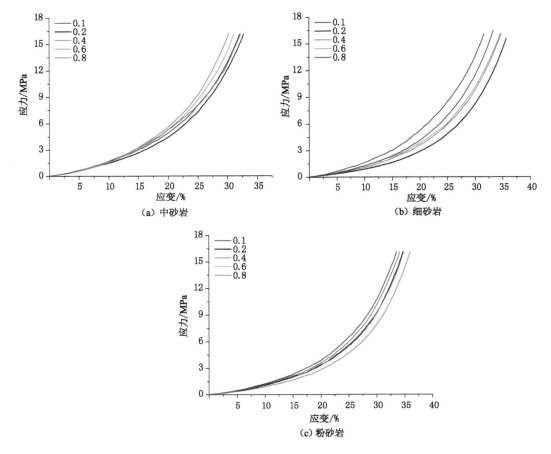

图 2-16　级配粒径破碎岩体侧限压实的应力-应变曲线

破碎岩体质量均呈现下降的趋势,产生了 0～1.0 mm 的粉末状破碎岩体,约占总质量的 25%。随着 Talbot 幂指数的增加,1.0～2.5 mm 破碎岩体质量减少的幅度逐渐减小,5.0～ 10.0 mm 破碎岩体质量减少的幅度逐渐增加。事实上,除了最大粒径范围 5.0～10.0 mm 的破碎岩体只减不增和最小粒径范围 0～1.0 mm 的破碎岩体只增不减外,其余两个粒径范围 1.0～2.5 mm 和 2.5～5.0 mm 的破碎岩体均同时存在增加和减少的现象(一方面,这两个粒径范围的破碎岩体挤压破碎为新的更小粒径的破碎岩体;另一方面,较大粒径范围的破碎岩体挤压破碎为此粒径范围的破碎岩体)。

表 2-12　级配粒径破碎岩体侧限压实后不同粒径范围的质量及其比例

岩性	中砂岩				细砂岩				粉砂岩			
粒径/mm	0～1	1～2.5	2.5～5	5～10	0～1	1～2.5	2.5～5	5～10	0～1	1～2.5	2.5～5	5～10
$n=0.1$ 时质量/g	67.6	57.3	58.9	65.7	64.7	68.2	55.1	62.3	74.7	59.5	51.3	64.3
比例/%	27.09	22.97	23.61	26.33	25.85	27.25	22.01	24.89	29.90	23.82	20.54	25.74
$n=0.2$ 时质量/g	70.5	58.9	65.4	54.9	82.5	59.5	49.4	58.6	74.7	47.0	55.0	73.2
比例/%	28.23	23.59	26.19	21.99	33.00	23.80	19.76	23.44	29.89	18.81	22.01	29.29

表 2-12（续）

岩性	中砂岩				细砂岩				粉砂岩			
$n=0.4$ 时质量/g	65.3	51.8	64.4	68.3	72.3	54.4	54.5	68.7	75.5	41.4	58.5	74.5
比例/%	26.14	20.74	25.78	27.34	28.93	21.77	21.81	27.49	30.21	16.57	23.41	29.81
$n=0.6$ 时质量/g	56.4	51.5	62.1	80.1	61.9	54.1	60.7	73.5	68.9	43.1	57.2	80.8
比例/%	22.55	20.59	24.83	32.03	24.74	21.62	24.26	29.38	27.56	17.24	22.88	32.32
$n=0.8$ 时质量/g	53.4	46.4	58.9	91.2	54.6	57.3	52.8	84.7	61.4	42.5	53.8	90.9
比例/%	21.37	18.57	23.57	36.49	21.89	22.98	21.17	33.96	24.70	17.10	21.64	36.56

（5）孔隙率变化特征

根据式(2-12)计算得出了不同应力状态下的级配粒径破碎岩体侧限压实孔隙率,其变化曲线如图 2-17 所示。由图 2-17 可知,随着应力的增加,孔隙率逐渐降低,且孔隙率降低幅度逐渐减小,初始孔隙率约为 45%,压实后孔隙率约为 15%。由于较小粒径范围的破碎岩体占据了较大粒径破碎岩体间的孔隙空间,级配粒径破碎岩体的初始孔隙率相比单一粒径破碎岩体的初始孔隙率要小。

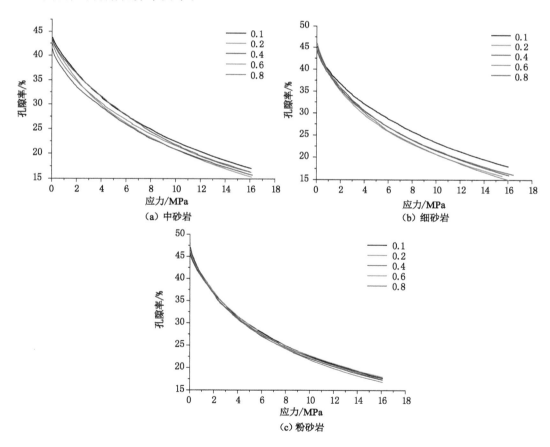

图 2-17　级配粒径破碎岩体侧限压实的孔隙率变化曲线

（6）声发射特征

由表 2-1 可知，3-1 煤层与 2-2 煤层间的岩层主要为粉砂岩，因此，本节只针对级配粒径破碎粉砂岩侧限压实过程中的声发射特征进行分析。图 2-18 所示为级配粒径破碎粉砂岩侧限压实过程中的应力-撞击次数、应力-能量和声发射定位。由图 2-18 可知，随着应力的加载，破碎岩体间挤压产生的声发射的撞击次数逐渐增加（平均撞击次数约为 18 次/s），能量逐渐增大（平均能量约为 0.3×10^3 aJ/s），应力的逐渐加载加剧了破碎岩体间的挤压。相比单一粒径破碎岩体，级配粒径破碎岩体间的挤压作用并没有明显增强或减弱，即虽然存在较小粒径范围的破碎岩体，但破碎岩体间的挤压作用的整体效果没有发生大幅变化。由声发射定位图可以看出，随着 Talbot 幂指数的增加，低能量或高能量的位置点数没有发生明显变化，且声发射信号分布相比单一粒径破碎岩体较为均匀。

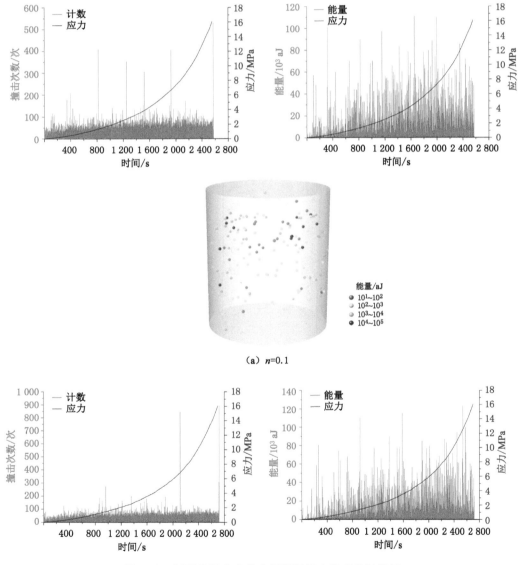

图 2-18 级配粒径破碎粉砂岩侧限压实的声发射特征

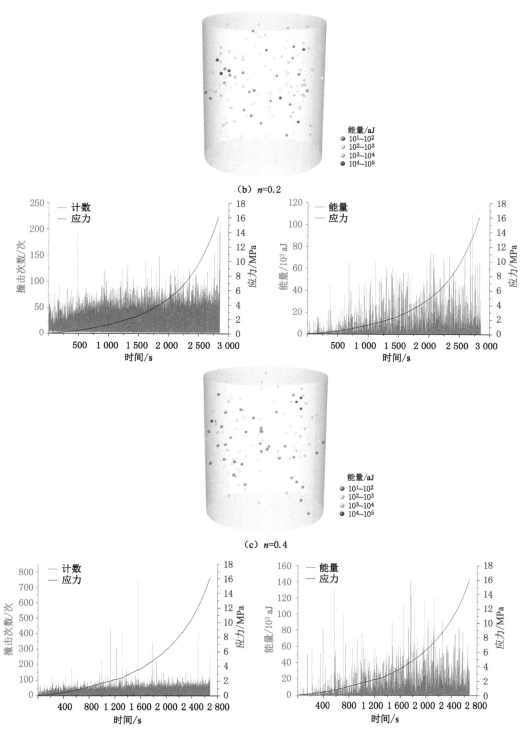

（b）n=0.2

（c）n=0.4

图 2-18（续）

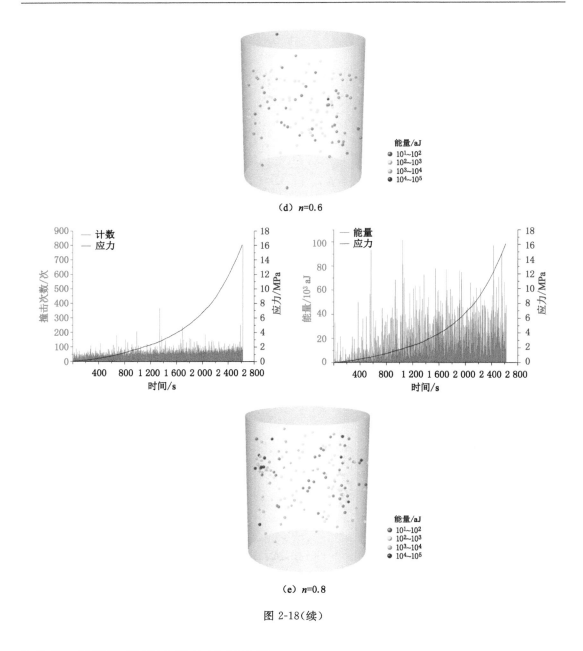

（d）n=0.6

（e）n=0.8

图 2-18（续）

2.2.5　级配粒径破碎煤体压实特征

（1）压实强度

由于非充分垮落采空区中除了破碎岩体外，还有破碎煤体，因此，需要对级配粒径破碎煤体的压实特征进行研究。以 150 g 破碎煤体为准，进行级配粒径破碎煤体的侧限压实实验。根据式（2-14）计算得出不同 Talbot 幂指数对应的各粒径范围内破碎煤体质量，如表 2-13 所示。

表 2-13 级配粒径破碎煤体的质量分布

Talbot 幂指数	质量/g		
	粒径 1.0~2.5 mm	粒径 2.5~5.0 mm	粒径 5.0~10.0 mm
0.1	55.6	45.6	48.8
0.2	51.6	45.8	52.6
0.4	43.9	45.7	60.4
0.6	36.9	45.0	68.1
0.8	30.5	43.6	75.9

对不同粒径的破碎煤体按照表 2-13 所示的级配粒径破碎煤体质量分布进行级配混合,放入破碎煤岩体侧限压实装置中,测出其未加载时的高度,每个 Talbot 幂指数下的高度测试 8 次,取其平均值,然后按照式(2-3)计算得出级配粒径破碎煤体的碎胀系数(表 2-14)。由表 2-14 可知,不同级配破碎煤体的碎胀系数平均值约为 1.76,小于表 2-4 所示的单一粒径破碎煤体的碎胀系数,与不同级配破碎岩体的平均碎胀系数接近。

表 2-14 不同级配条件下煤的碎胀系数

Talbot 幂指数	0.1	0.2	0.4	0.6	0.8
碎胀系数	1.76	1.72	1.75	1.72	1.83

利用 MTS 电液伺服岩石力学实验系统,采用位移控制的方式进行加载,加载速率为 0.8 mm/min,对级配粒径破碎煤体进行侧限压实加载实验,同时监测加载过程中产生的声发射信号(为便于比较,且由于煤体的抗压强度弱于岩体,本书中默认级配粒径破碎煤体加载至 10 MPa 时为压实状态),得出并对比了不同级配破碎煤体侧限压实的应力-应变曲线、压实前后各粒径破碎煤体的质量变化特征、孔隙率变化特征和声发射特征。

图 2-19 所示为级配粒径破碎煤体侧限压实的应力-应变曲线。由图 2-19 可知,随着应力的加载,级配粒径破碎煤体侧限压实的应变逐渐增加,增加幅度逐渐减小。压实后,级配粒径破碎煤体的平均应变约为 28%,虽然加载的应力小于级配粒径破碎岩体,但由于煤体的抗压强度小于岩体,其应变基本相等。

(2)质量变化特征

对压实后的级配粒径破碎煤体进行松动、筛分和称重后,得出了压实后不同粒径范围的质量及其比例(表 2-15)。由表 2-15 可知,级配粒径破碎煤体侧限压实后的质量变化特征与级配粒径破碎岩体基本相同,但 5.0~10.0 mm 破碎煤体的减少程度大于破碎岩体,1.0~2.5 mm 破碎煤体的减少程度小于破碎岩体,即由于煤体的抗压强度小于岩体,大粒径范围的破碎煤体相互挤压更容易破碎形成小粒径范围的破碎煤体,从而使得大粒径范围的破碎煤体减少较多,而小粒径范围的破碎煤体在减少后又得到了较多的补充。

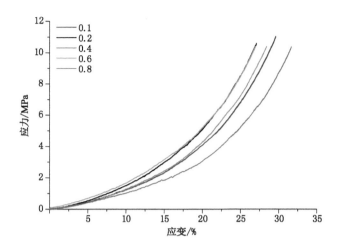

图 2-19　级配粒径破碎煤体侧限压实的应力-应变曲线

表 2-15　级配粒径破碎煤体侧限压实后不同粒径范围的质量及其比例

粒径/mm	0～1.0	1.0～2.5	2.5～5.0	5.0～10.0
$n=0.1$ 时质量/g	40.8	43.6	31.1	34.1
比例/%	27.27	29.14	20.79	22.79
$n=0.2$ 时质量/g	38.4	42.1	31.2	38.0
比例/%	25.65	28.12	20.84	25.38
$n=0.4$ 时质量/g	35.2	40.0	32.6	42.0
比例/%	23.50	26.70	21.76	28.04
$n=0.6$ 时质量/g	34.3	44	21.4	50.1
比例/%	22.90	29.37	14.29	33.44
$n=0.8$ 时质量/g	38.5	32.5	34	44.7
比例/%	25.72	21.71	22.71	29.86

（3）孔隙率变化特征

根据式(2-12)计算得出了不同应力状态下的级配粒径破碎煤体侧限压实孔隙率,其变化曲线如图 2-20 所示。由图 2-20 可知,随着应力的增加,孔隙率逐渐降低,且孔隙率降低幅度逐渐减小,初始孔隙率为 45% 左右,压实后孔隙率为 20% 左右。由于较小粒径范围的破碎煤体占据了较大粒径破碎煤体间的孔隙空间,级配粒径破碎煤体的初始孔隙率相比单一粒径破碎煤体要小。

（4）声发射特征

图 2-21 所示为级配粒径破碎煤体侧限压实过程中的应力-撞击次数、应力-能量和声发射定位。由图 2-21 可知,随着应力的加载,破碎煤体间挤压产生的声发射的撞击次数逐渐增加(平均撞击次数约为 40 次/s),能量逐渐增大(平均能量约为 4.0×10^3 aJ/s),应力的逐渐加载加剧了破碎煤体间的挤压。相比单一粒径破碎煤体,级配粒径破碎煤体间的挤压作用没有明显增强或减弱,即虽然存在较小粒径范围的破碎煤体,但破碎煤体间的挤压作用

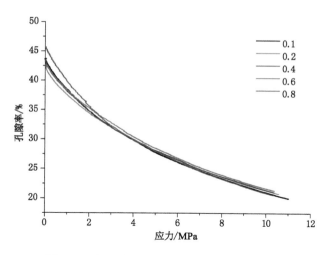

图 2-20　级配粒径破碎煤体的孔隙率变化曲线

的整体效果没有发生大幅变化。由声发射定位图可以看出，随着 Talbot 幂指数的增加，低能量的位置点数明显减少，且声发射信号分布相对较为均匀；由于煤体的抗压强度低于岩体，在相同应力条件下，级配粒径破碎煤体的声发射信号能量级数高于级配粒径破碎岩体。

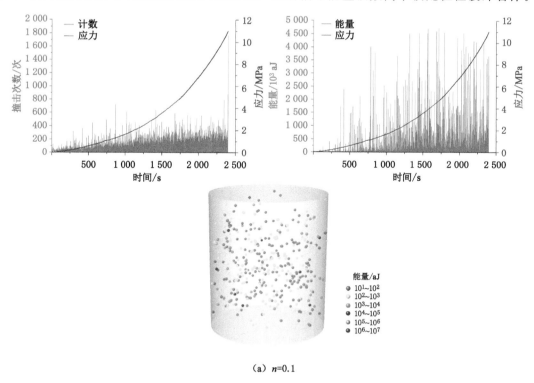

（a）n=0.1

图 2-21　级配粒径破碎煤体侧限压实的声发射特征

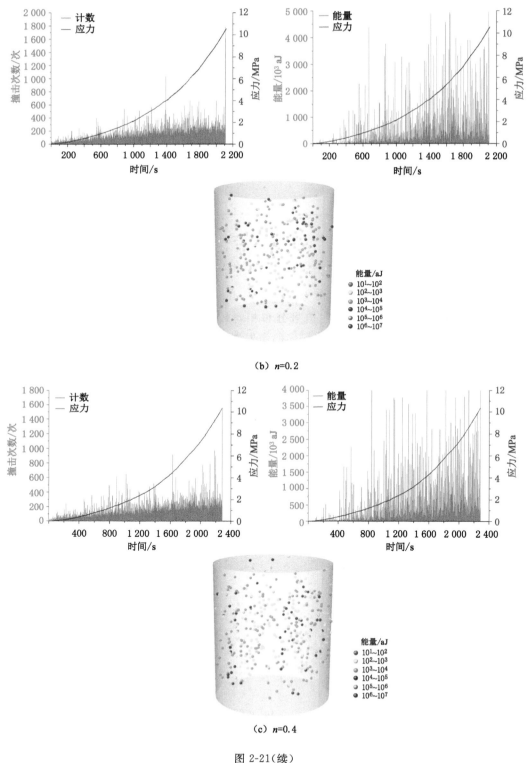

（b）$n=0.2$

（c）$n=0.4$

图 2-21（续）

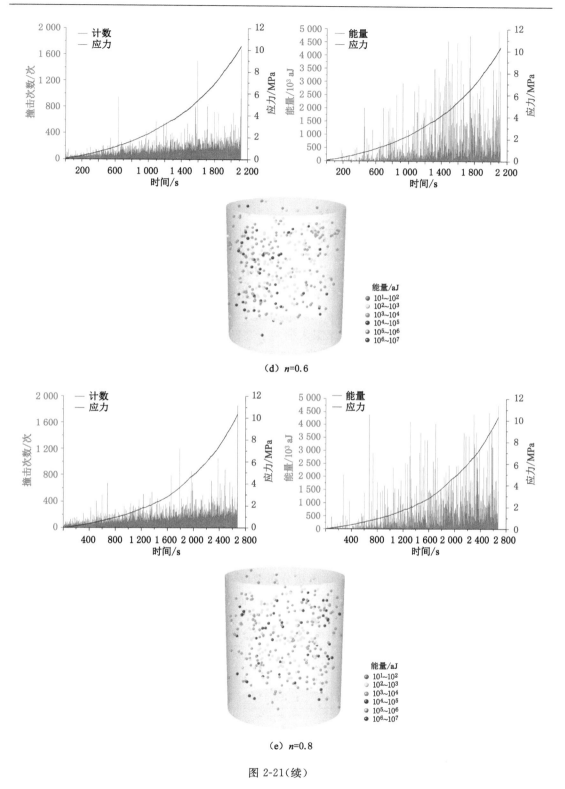

（d）n=0.6

（e）n=0.8

图 2-21（续）

2.2.6 级配粒径破碎煤岩混合体压实特征

（1）破碎煤岩比

在南梁煤矿 2-2 煤层采用间隔式采煤法形成的非充分垮落采空区中，存在大量的破碎煤体和岩体，形成了破碎煤岩混合体。在煤矿现场，由于采用不同的采煤方法而分别形成了未垮落的房柱式采空区、非充分垮落的间隔式采空区和充分垮落的长壁式采空区，其工作面采出率分别为 50％、80％ 和 95％。其中，房柱式开采未形成垮落区，而长壁式开采的采出率为 95％，煤体几乎全部被采出，垮落区几乎均为破碎岩体，破碎煤体可忽略不计，因此，此处均不进行深入研究。本书主要针对间隔式开采形成的非充分垮落采空区展开进一步的研究。

根据南梁煤矿 20113（1）工作面内煤电钻勘测结果可知，间隔式工作面伪顶厚度为 0.2～0.4 m，平均厚度为 0.3 m；直接顶厚度为 1.6～3.0 m，平均厚度为 2.4 m。而 2-2 煤层的平均厚度为 2.25 m，即在原始状态下间隔式采空区垮落带高度为 2.7 m，煤层平均厚度为 2.25 m，由于间隔式采煤工作面采出率一般为 80％，即约有 0.45 m 高度的煤未被采出，垮落成为破碎煤体。根据南梁煤矿 30105 工作面柱状图可知，2-2 煤层上覆 2.7 m 范围内均为粉砂岩，因此针对粉砂岩进行深入研究。2-2 煤层和上覆粉砂岩层的密度分别为 1 221 kg/m^3 和 2 293 kg/m^3，两者的长度和宽度一致、高度不同，根据质量守恒定律和煤岩体碎胀特性，认为垮落前后破碎煤岩体质量是不变的，因此非充分垮落采空区中破碎煤岩体质量之比为 549.45∶6 191.1≈1∶11。为方便做实验，并结合破碎煤岩体侧限压实装置的容积，将其简化为 20∶200，即将 20 g 破碎煤体和 200 g 破碎岩体混合，进行破碎煤岩体的压实实验；为充分模拟现场情况，将破碎煤体置于破碎岩体下方。

现场破碎煤岩体是不同大小破碎煤岩体的不均匀组合，因此，需要按照 Talbot 连续级配公式对破碎煤岩体进行配比。根据现场实际顶板垮落为破碎煤岩体时的状态分析得知，较大块体的破碎煤岩体质量远大于较小块体，且根据朱德福[2]理论计算得出的南梁煤矿非充分垮落采空区的破碎岩体碎胀系数（1.47），结合 2.2.1 节中得出的碎胀系数与破碎煤岩体粒径范围的关系和煤岩体破碎后不同粒径的质量占比，认为在破碎煤岩体级配时应将大粒径的破碎煤岩体比例提高，即提高 5.0～10.0 mm 的破碎煤岩体比例，因此，参照表 2-10 和表 2-13 所示的级配粒径破碎煤岩体质量分布情况，以 Talbot 幂指数 $n=0.8$ 时的破碎煤岩体不同粒径质量分布情况进行级配（表 2-16），从而模拟非充分垮落采空区的压实特征。

表 2-16 级配粒径破碎煤岩混合体压实前质量分布

岩性	不同粒径破碎煤岩体质量/g			合计/g
	粒径 1.0～2.5 mm	粒径 2.5～5.0 mm	粒径 5.0～10.0 mm	
粉砂岩	40.7	58.1	101.2	200
煤	4.0	5.8	10.2	20

（2）压实强度

利用 MTS 电液伺服岩石力学实验系统对级配粒径的破碎煤岩混合体进行侧限压实加载实验，同时监测加载过程中产生的声发射信号。采用位移控制的方式进行加载，加载速率为 0.8 mm/min,得出了级配粒径破碎煤岩混合体侧限压实的应力-应变曲线、压实前后各粒径破碎煤岩体的质量变化特征和声发射特征。

图 2-22 所示为 Talbot 幂指数 $n=0.8$ 的级配粒径破碎岩体、破碎煤体和破碎煤岩混合体侧限压实的应力-应变曲线。由图 2-22 可知,随着应力的加载,级配粒径破碎煤岩混合体侧限压实的应变逐渐增加,增加幅度逐渐减小。压实后,级配粒径破碎煤岩混合体的应变约为 35%。在相同应力条件下,破碎岩体侧限压实产生的应变最小,破碎煤体次之,而破碎煤岩混合体产生的应变最大。

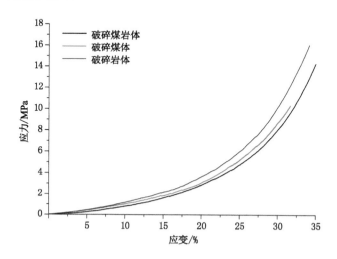

图 2-22　相同 Talbot 幂指数下不同破碎体侧限压实的应力-应变曲线

(3)质量变化特征

对压实后的级配粒径破碎煤岩混合体进行松动、筛分和称重后,得出了压实后不同粒径范围的质量及其比例(表 2-17)。其中,由于 0~1.0 mm 和 1.0~2.5 mm 的破碎煤岩混合体过于细小,无法区分,因此,在统计时,以上两个粒径范围内的破碎煤岩体未进行区分。由表 2-17 可知,级配粒径破碎煤岩混合体侧限压实后仍为 5.0~10.0 mm 的破碎煤岩体占比最大,进行配比的三个粒径范围的质量均有所下降,受轴压作用破碎为 0~1.0 mm 的破碎煤岩体。在现场中,受采空区下覆煤层重复采动的影响,非充分垮落采空区中的破碎煤岩体在进一步垮落压实的过程中,除了采空区中的空隙率发生了变化之外,不同块度大小的破碎煤岩体质量也发生了巨大的变化。

表 2-17　级配粒径破碎煤岩混合体压实后质量分布

粒径/mm	0~1.0	1.0~2.5	2.5~5.0	5.0~10.0
粉砂岩质量(比例)	55.29 g (25.24%)	41.06 g (18.74%)	38.87 g(17.74%)	71.79 g(32.77%)
煤质量(比例)			4.83 g(2.20%)	7.22 g(3.30%)

(4)声发射特征

图 2-23 所示为级配粒径破碎煤岩混合体侧限压实过程中的应力-撞击次数、应力-能量和声发射定位。由图 2-23 可知,随着应力的加载,破碎煤岩间挤压产生的声发射的撞击次

数逐渐增加(平均撞击次数约为 20 次/s),能量逐渐增大(平均能量约为 1.0×10^3 aJ/s),应力的逐渐加载加剧了破碎煤岩体间的挤压。级配粒径破碎煤岩混合体间的挤压作用要弱于破碎煤体而强于破碎岩体,即由于存在部分破碎煤体,破碎煤岩混合体相互间的挤压作用强于岩体而弱于煤体;且在破碎煤体和破碎岩体接触的地方,由于煤体硬度小于岩体,挤压作用产生的声发射信号较强。声发射定位图中的定位点数较少,可能是由于声发射信号在煤岩中的波速不同,从而影响了整个样品的声发射信号定位效果。

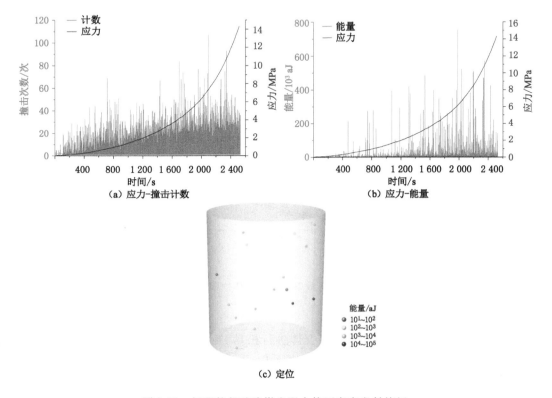

（a）应力-撞击计数　　（b）应力-能量

（c）定位

图 2-23　级配粒径破碎煤岩混合体压实声发射特征

2.3　破碎煤岩混合体孔隙压实规律

2.3.1　破碎煤岩混合体 CT 扫描

根据南梁煤矿实际地质条件,结合 2.2.2 小节中得出的破碎岩体侧限压实阶段划分和 2.2.6 小节中得出的级配粒径破碎煤岩混合体的应力-应变曲线,依次对未压实($p=0$ MPa)、空隙压实($p=0.15$ MPa)、孔隙压实($p=2$ MPa)、孔隙压实($p=6$ MPa)和颗粒重组压实($p=14$ MPa)五个应力状态下的级配粒径破碎煤岩混合体的侧限压实情况进行 CT 扫描,观测不同应力状态下的破碎煤岩混合体孔隙特征,得出破碎煤岩混合体中的孔隙压实规律,为后续研究破碎煤岩体的渗流特征奠定基础。图 2-24 所示为上述五个应力状态对应的破碎煤岩混合体侧限压实高度。

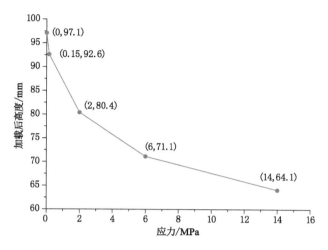

图 2-24 破碎煤岩混合体侧限压实的应力-高度曲线

采用微米级的高分辨三维 X 射线显微成像系统(3D-XRM)(图 2-25)对破碎煤岩混合体进行 CT 扫描。其扫描原理是从阴极发射的电子束在轰击阳极靶材钨后产生可以穿过旋转破碎煤岩体侧限压实装置的宽频谱 X 射线,在不同的角度暂停并由接收器采集破碎煤岩混合体的二维投影图像,图 2-26 所示为 CT 扫描原理示意图。

图 2-25 高分辨三维 X 射线显微成像系统

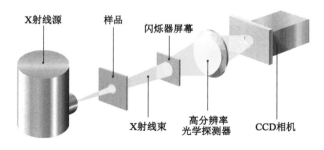

图 2-26 CT 扫描原理示意图

CT 扫描的步骤及过程为:① 煤样准备,将破碎煤岩体侧限压实装置置于扫描系统中;② 对中,使装置中心点对应扫描成像中心;③ 调节 X 射线源和目镜;④ 调节电压和功率,选择滤镜;⑤ 预热及扫描。表 2-18 为破碎煤岩混合体的 CT 扫描参数。

表 2-18　破碎煤岩混合体的 CT 扫描参数

岩样	滤镜	体素分辨率/μm	电压/kV(功率/W)	曝光时间/s	扫描时间/h
破碎煤岩体	无	47.06	100(9)	5.0	4.6

　　由于破碎煤岩体侧限压实装置的高度较高,因此,将样品分为上下两部分分别进行扫描,然后进行拼接。在第一次扫描确定样品中心点后,保持扫描中心点不变,对其他不同应力状态下的样品进行扫描,从而将破碎煤岩混合体的侧限压实程度更好地反映出来。

2.3.2　破碎煤岩混合体三维重构

　　图 2-27 为不同应力状态下破碎煤岩混合体的扫描切片,包括 XY、XZ 和 YZ 三个方向的切片。由图 2-27 可知,由于不同物质的扫描阈值不同,可以清晰地将破碎岩体、破碎煤体、孔隙和破碎煤岩体中的矿物质区分开。

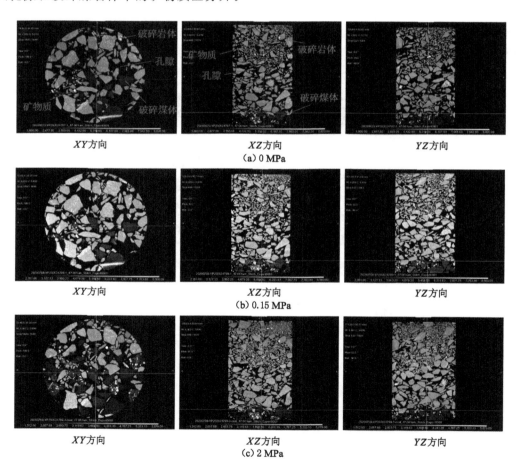

图 2-27　不同应力状态下的破碎煤岩混合体扫描切片

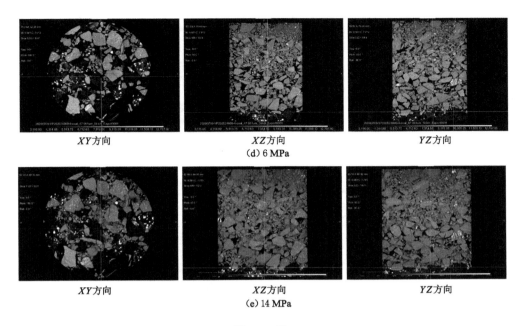

XY方向　　XZ方向　　YZ方向

(d) 6 MPa

XY方向　　XZ方向　　YZ方向

(e) 14 MPa

图 2-27（续）

利用 Dragonfly 软件对扫描切片进行三维重构,由于部分切片存在由扫描原理造成的扫描伪影,因此,在不影响破碎煤岩混合体三维重构效果的前提下,上下各去掉 40 张切片。将破碎煤岩混合体按照形态与阈值进行分割,将样品分割为孔隙、破碎岩体和破碎煤体;破碎煤岩体中的矿物质依据实际存在的情况分别划分到破碎岩体和破碎煤体中。

首先选取 5～7 张典型切片进行人工分割;然后采用智能分割向导中的 Sensor3D 语义分割模型进行多次分割训练,使得分割达到理想效果(训练分数＞0.97);最后利用训练得到的破碎煤岩混合体分割模型对所有的扫描切片进行 AI 图像分割,从而得到如图 2-28 所示的不同应力状态下的破碎煤岩混合体三维重构图像。

由图 2-28 可知,破碎煤岩混合体三维重构图像可以较好地反映破碎煤体和破碎岩体在侧限压实过程中的结构和形态的变化,以及孔隙空间在侧限压实过程中的变化,验证了将破碎煤岩体侧限压实分为空隙压密、孔隙压密和颗粒重组三个阶段的合理性。破碎煤岩混合体随轴压的增加而逐渐克服颗粒间挤压产生的摩擦阻力,滑动或滚动到更为密实和稳定的平衡位置,破碎煤岩混合体间的孔隙体积减小,破碎煤岩混合体被压密。同时,破碎煤岩体颗粒之间的接触多为点接触,接触点的应力较高,棱角处极易破碎为更小粒径的颗粒并被充实到破碎煤岩体颗粒的孔隙空间,从而使破碎煤岩混合体之间更加密实,其中,轴压加载至 14 MPa 时,破碎煤岩体的颗粒重组导致孔隙率急剧降低。另外,该结果表明将深度学习应用到破碎煤岩体三维重构方面有较好的效果,可以大幅提高三维重构的效率和精度。

2.3.3　破碎煤岩混合体孔隙网络模型及压实特征

为深入研究破碎煤岩体侧限压实过程中瓦斯和水的渗流特征,需要先对破碎煤岩混合体侧限压实过程中的孔隙变化规律与分布特征进行研究。因此,在三维重构破碎煤岩混合

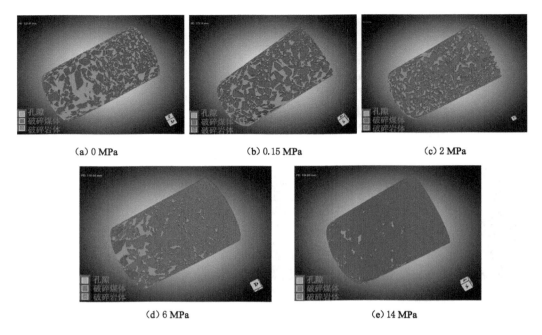

（a）0 MPa   （b）0.15 MPa   （c）2 MPa

（d）6 MPa   （e）14 MPa

图 2-28 不同应力状态下的破碎煤岩混合体三维重构图像

体后,单独提取孔隙区域,得到不同应力状态下的破碎煤岩混合体孔隙三维空间分布特征(图 2-29)。由图 2-29 可知,随着轴向应力的增加,孔隙逐渐减少,尤其是破碎煤岩混合体上部空间,由于破碎岩体逐渐压实,孔隙减少较为明显,这说明破碎煤岩体在侧限压实过程中是从上而下逐渐压实的。

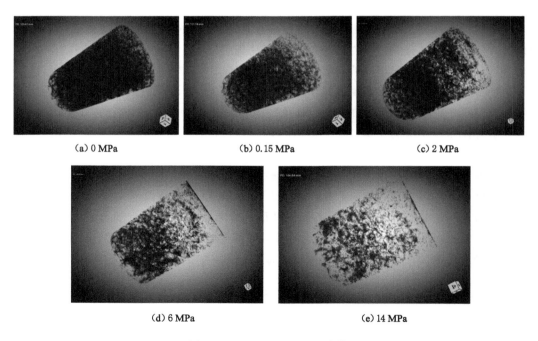

（a）0 MPa   （b）0.15 MPa   （c）2 MPa

（d）6 MPa   （e）14 MPa

图 2-29 不同应力状态下的破碎煤岩混合体孔隙空间分布

　　根据三维重构得出的破碎煤岩混合体和孔隙空间,计算得出破碎煤岩混合体和孔隙的体积,从而计算得出不同应力状态下的孔隙率。图 2-30 所示为破碎煤岩混合体侧限压实孔隙率变化规律。由图 2-30 可知,随着轴向应力的增加,破碎煤岩混合体侧限压实的孔隙率由初始超过 30% 逐渐减小至不足 5%,且孔隙率降低幅度逐渐减小。受扫描设备对样品高度的限制,未能对全部高度的样品进行扫描,且在破碎煤岩混合体三维重构的过程中为消除扫描机理造成的伪影对重构的影响而舍弃了上下端部分切片,从而使得重构后得出的破碎煤岩混合体孔隙率相对真实的孔隙率较小;对比级配粒径破碎煤体和破碎岩体的孔隙率,可以估算得出通过三维重构得出的孔隙率与真实孔隙率相比大约小 10%。

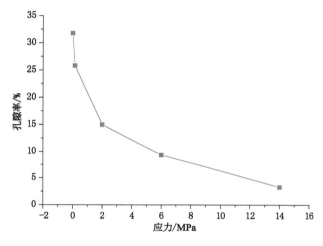

图 2-30　破碎煤岩混合体侧限压实孔隙率变化曲线

　　为深入研究破碎煤岩混合体中不同大小孔隙的空间分布及占比情况,基于开放式孔隙网络模型(PNM 模型)[158],对破碎煤岩混合体的孔隙区域进行建模,获得了不同应力状态下的破碎煤岩混合体的孔隙网络模型(图 2-31)。该模型以实际值作为球和边的半径,其中,球的半径和颜色均代表孔隙直径(图 2-31 中下方标签为球的颜色标签),边的半径和颜色均代表喉道直径(图 2-31 中右侧标签为边的颜色标签),孔隙和喉道的半径和空间分布在图 2-31 中可以较为直观地显现。由图 2-31 可知,随着轴压的增加,破碎煤岩体间孔隙空间逐渐减小,大孔隙转变为中孔隙,中孔隙转变为小孔隙,从而使得孔隙率逐渐降低,且孔隙空间的压实表现为由上而下逐渐压实,轴压增加至 14 MPa 时,破碎煤岩混合体中的孔隙空间急剧减少。

　　对不同孔隙直径和喉道直径进行统计,得出如图 2-32 所示的不同孔隙直径和喉道直径的占比情况。由图 2-32 可以看出,不同喉道直径的占比随喉道直径的增加而逐渐减小,且大部分喉道直径小于 0.5 mm;不同孔隙直径的占比随孔隙直径的增加表现为先增加后减小,且大部分孔隙直径小于 1.0 mm;小直径喉道占比整体大于小直径孔隙占比,喉道直径整体呈现出小于孔隙直径的规律。另外,随着轴向应力的增加,相同孔隙直径和喉道直径的占比均逐渐减小。

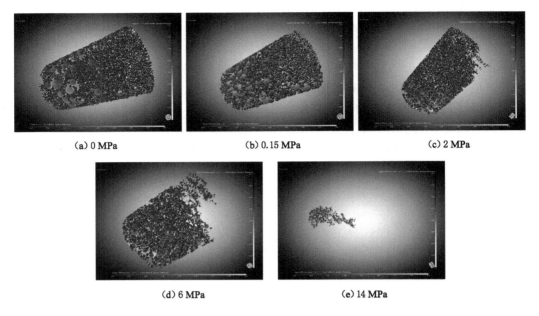

(a) 0 MPa   (b) 0.15 MPa   (c) 2 MPa

(d) 6 MPa   (e) 14 MPa

图 2-31 不同应力状态下的破碎煤岩混合体孔隙网络模型

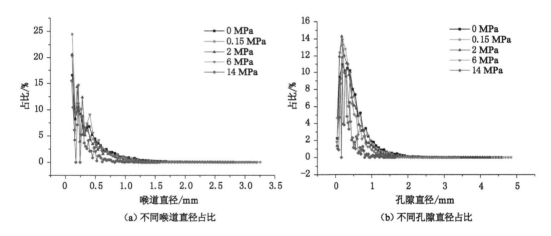

(a) 不同喉道直径占比   (b) 不同孔隙直径占比

图 2-32 不同应力状态下的破碎煤岩混合体的不同喉道直径和孔隙直径占比

    计算得出不同应力状态下的孔隙与喉道的平均直径以及拓扑连通性(图 2-33 和图 2-34)。由图 2-33 可知,随着轴向应力的增加,孔隙和喉道的平均直径均逐渐减小,减小幅度超过 30%,相同应力状态下的喉道平均直径小于孔隙平均直径,但两者量级一致。由图 2-34 可知,随着轴向应力的增加,拓扑连通性逐渐减小,减小幅度接近 50%。这说明轴压的逐渐增加,使得破碎煤岩体间孔隙和喉道直径均逐渐减小,拓扑连通性也随喉道直径的减小而逐渐减小。同时,孔隙和喉道直径与破碎煤岩体侧限压实装置的直径之比,可以类比为采空区中空隙直径与采空区的整个空间范围之比,从而可以为计算采空区中的空隙大小提供理论基础。

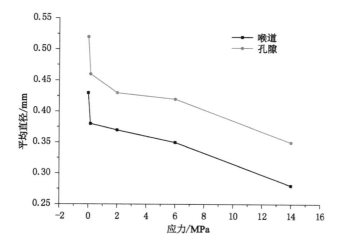

图 2-33 破碎煤岩混合体孔隙与喉道的平均直径

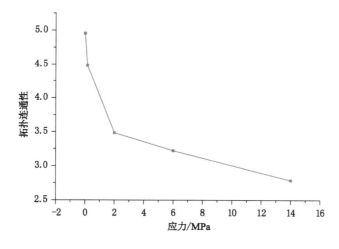

图 2-34 破碎煤岩混合体拓扑连通性

2.4 非充分垮落采空区压实特征数值模拟

2.4.1 非充分垮落采空区数值模型

以南梁煤矿 2-2 煤层的间隔式采空区为研究对象,通过研究南梁煤矿间隔式开采形成的非充分垮落采空区的垮落特征,结合下组煤层重复采动前后的非充分垮落采空区的压实特征,对比非充分垮落采空区和充分垮落采空区的压实特征。

采用 FLAC3D 软件对南梁煤矿分别进行间隔式开采和长壁式开采两种不同开采方式的建模(图 2-35),以工程现场实际结果和其他研究人员[2]的数值模拟结论对所建模型的物理力学参数进行校正,其中,间隔式开采模型中,2-2 煤层采用间隔式开采,而 3-1 煤层采用长壁式开采。为便于研究,将南梁煤矿 2-2 煤层的三个采空区依次命名为 1#采空区、2#采空区和 3# 采空区,3-1 煤层的采空区命名为 4# 采空区;为对比研究重复采动前后非充分垮落采空区压实特征,3-1 煤层的工作面推进至 2# 采空区中部附近的下方。以 2-2 煤层的 1# 采空区为研究对象,对比重复采动前后的压实特征。在长壁式开采模型中,2-2 煤层和 3-1 煤层均采用长壁式采煤方法开采。

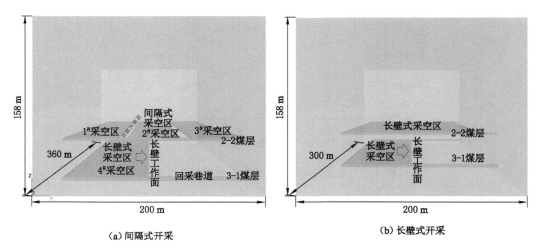

（a）间隔式开采   （b）长壁式开采

图 2-35　南梁煤矿不同开采方式数值模拟的模型

表 2-19 和图 2-36 所示分别为南梁煤矿 30105 工作面的不同岩层的煤岩力学参数和综合柱状图。图 2-37 所示为南梁煤矿 2-2 煤层间隔式采空区和长壁式采空区的具体建模尺寸。由于南梁煤矿的 2-2 煤层与 3-1 煤层均为浅埋煤层,因此将水平应力设置为竖直应力的 1.25 倍。两个模型均采用莫尔-库仑准则。同时,由于煤矿现场岩层中存在大量的节理和天然裂隙等,因此,为真实模拟煤矿现场的受力情况与岩层移动情况,在 2-2 煤层的上覆岩层中设置接触面。

表 2-19　南梁煤矿不同岩层煤岩力学参数

岩性	密度 /(kg/m³)	泊松比	弹性模量 /GPa	体积模量 /GPa	剪切模量 /GPa	抗压强度 /MPa	抗拉强度 /MPa	内聚力 /MPa	内摩擦角 /(°)
黄土	1 800	0.44	0.07	0.19	0.02	0.18	0.10	0.15	10
泥岩	2 033	0.36	3.0	3.57	1.10	25.20	1.90	2.20	30
细砂岩	2 268	0.24	4.1	4.19	1.56	37.80	2.83	2.91	43
中砂岩	2 182	0.32	3.9	3.61	1.48	35.20	2.50	2.80	35
粉砂岩	2 293	0.31	4.9	4.30	1.87	47.22	3.73	5.37	36
2-2 煤层	1 251	0.29	2.6	2.06	1.01	20.43	1.45	2.98	44
3-1 煤层	1 251	0.31	2.8	2.46	1.07	22.50	1.24	2.97	37

2.4.2　非充分垮落采空区压实特征

本书主要从位移、应力和塑性区三个方面对上述南梁煤矿非充分垮落采空区在重复采

层号	层厚/m	埋深/m	岩性	柱状图
1	25.16	25.16	黄土	
2	27.79	52.95	红土	
3	9.22	62.17	粉砂岩	
4	12.99	75.16	细砂岩	
5	6.96	82.12	泥岩	
6	3.66	85.78	粉砂岩	
7	1.50	87.28	细砂岩	
8	6.52	93.80	粉砂岩	
9	2.91	96.71	细砂岩	
10	8.42	105.13	中砂岩	
11	3.82	108.95	粉砂岩	
12	2.25	111.20	2-2煤	
13	1.57	112.77	泥岩	
14	5.70	118.47	粉砂岩	
15	1.20	119.67	细砂岩	
16	8.20	127.87	粉砂岩	
17	2.29	130.16	细砂岩	
18	16.30	146.46	粉砂岩	
19	2.62	149.08	3-1煤	
20	0.82	149.90	泥岩	
21	3.82	153.72	粉砂岩	
22	3.58	157.30	中砂岩	

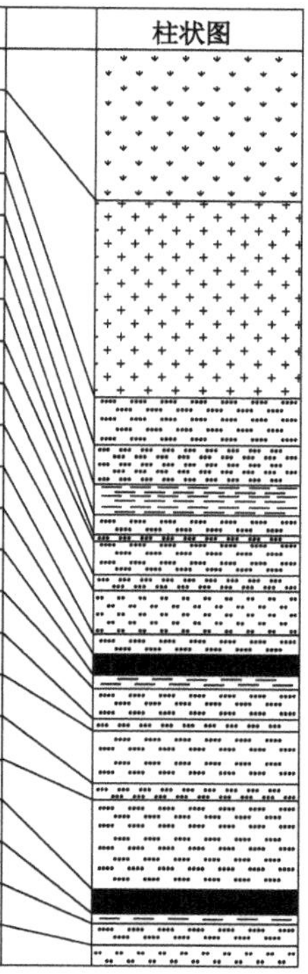

图 2-36 南梁煤矿 30105 工作面综合柱状图

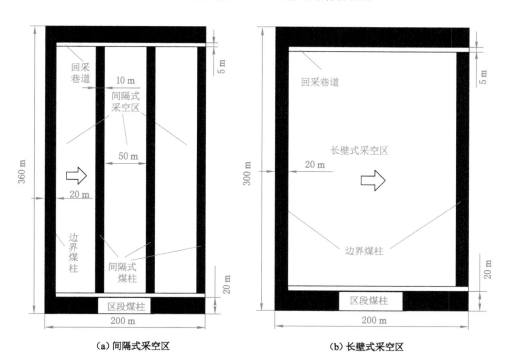

（a）间隔式采空区　　（b）长壁式采空区

图 2-37 南梁煤矿不同开采方式采空区模拟示意图

动前后的压实数值模拟得出的结果进行分析对比。图 2-38 所示为南梁煤矿间隔式开采 2-2 煤层的顶板位移云图,FLAC3D 中位移方向以压为负、拉为正。

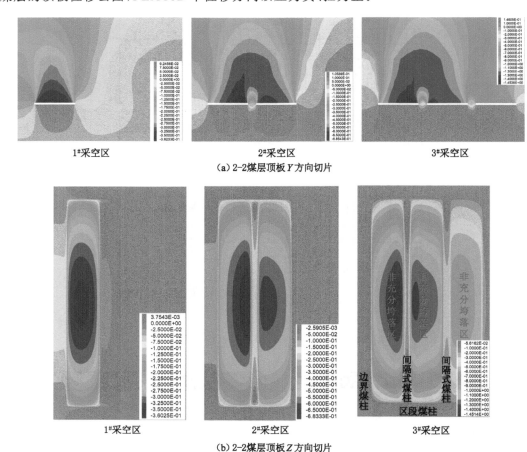

（a）2-2 煤层顶板 Y 方向切片

（b）2-2 煤层顶板 Z 方向切片

图 2-38　南梁煤矿间隔式开采 2-2 煤层的顶板位移云图

由图 2-38 可以得出,随着间隔式开采逐渐形成采空区（1# 采空区）,从 Y 方向看,顶板逐渐向下垮落,底板逐渐向上鼓起,但顶底板产生的位移均不大,顶底板均为中部位移最大,顶板位移与最大位移均呈现"拱形"规律,但顶板中部垮落位移小于 2-2 煤层的高度（2.25 m）,形成非充分垮落采空区;从 Z 方向看,采空区顶板整体位移呈现"O"形圈分布特征,即距离采空区中心越远,顶板垮落位移越小。随着 2# 采空区的形成,从 Y 方向看,煤层顶底板岩层的位移增大,受邻近工作面开采扰动影响,1# 采空区顶底板最大位移区均逐渐偏近间隔煤柱侧,2# 采空区的顶底板最大位移区域不同于 1# 采空区形成时的位于顶底板中部,而是偏近间隔煤柱侧,且小于 1# 采空区顶底板最大位移,而由于间隔煤柱的存在,采空区顶板最大位移由"单一大拱形"转变为"双小拱形",其他位移区域仍呈现"拱形"规律,顶板最大垮落位移仍小于 2-2 煤层的高度,仍为非充分垮落采空区,但相较开采形成 1# 空区时垮落位移较大,间隔煤柱产生压缩位移;从 Z 方向看,采空区顶板整体位移由"O"形圈转变为"双半月"形,且由间隔煤柱将其隔离开。随着 3# 采空区的形成,从 Y 方向看,煤层顶底板岩层的位移进一步增大,受邻近工作面进一步开采扰动影响,1#采空区和2#采空区的最大位移区域均进一步向两者之间的间隔煤柱偏移,3#采空区顶板的位移大于单独形成1#采空区时的顶板位移,但由于其明显小于1#和2#采空区的顶板位移,故在图中体现不太明显,间隔煤柱的压缩位移进一步增大,采空区顶板位移与最大位移的规律相较之前没有明显变化;从Z方向看,采空区顶板整体位移规律相较之前没有明显变化。本书中以采空区顶板的垮落程度判定采空区是否为充分垮落采空区,当采空区顶板垮落高度达到工作面采高的80%以上时,即认为该采空区为充分垮落采空区,因此,如图2-38所示,2-2煤层采空区均为非充分垮落采空区。

图2-39为南梁煤矿间隔式采空区下长壁式开采3-1煤层后的顶板位移云图。由图2-39可知,随着2-2煤层下伏的3-1煤层工作面的推进,4#采空区逐渐形成,从Y方向看,3-1煤层顶板垮落高度基本等于3-1煤层高度(2.65 m),形成充分垮落采空区;由于煤层间距较小,间隔煤柱下方一定区域内的顶板垮落最为明显,间隔煤柱也被破坏,而2-2煤层顶板由于受3-1煤层开采的重复采动影响,呈现为"单一大拱形",且最大位移区域大幅增加,1#采空区大部、2#采空区和3#采空区少部的顶板垮落高度大于2-2煤层高度,基本等于2-2煤层高度与3-1煤层高度之和,形成充分垮落区。如图2-39所示,对2-2煤层和3-1煤层的顶板垮落程度进行分区,可以得出2-2煤层采空区顶板中部区域均进一步垮落,形成充分垮落区,呈现为被间隔煤柱隔离开的隔断"O"形圈,其余区域则仍为非充分垮落区。图2-39(c)为3-1煤层顶板(175 m,45 m,37 m)测点Z方向切片,由该图知,由于边界煤柱的存在,靠近边界煤柱的3-1煤层顶板没有发生大面积垮落;而随着工作面的推进,顶板逐渐重复垮落形成充分垮落区,即由于边界煤柱的作用,靠近煤柱的顶板垮落形成非充分垮落区。

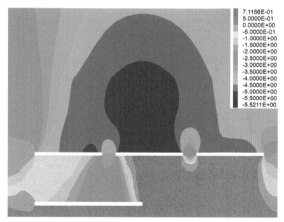 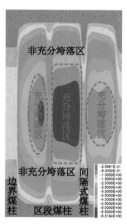 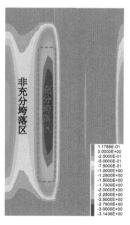

(a) 2-2煤层顶板Y方向 (b) 2-2煤层顶板Z方向 (c) 3-1煤层顶板Z方向

图2-39 间隔式采空区下长壁式开采3-1煤层的顶板位移云图

图2-40为南梁煤矿2-2煤层采用长壁式采煤方法进行开采后的顶板位移图,为观察开采后顶板位移,2-2煤层采用一次开挖方式。由图2-40可知,从Y方向看,2-2煤层顶板呈现"拱形",顶板中部位移最大,且最大位移基本等于2-2煤层高度,形成了充分垮落采空区,由于是浅埋煤层,其上覆岩层直至地表均产生不同程度的位移;从Z方向看,采空区顶板位移呈现"O"形圈分布特征,采空区中心区域的顶板充分垮落,形成充分垮落区,而在采空区

的边界煤柱和区段煤柱附近一定区域,由于顶板垮落不充分和煤柱大部仍呈弹性而形成了非充分垮落区,即采空区中部分区域为非充分垮落采空区。

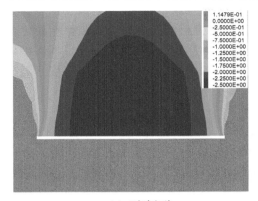 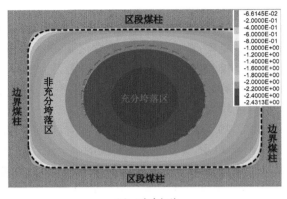

（a）Y方向切片 （b）Z方向切片

图 2-40 2-2 煤层长壁式开采后顶板位移云图

图 2-41 为南梁煤矿长壁式开采 3-1 煤层后的应力云图,FLAC3D 中应力方向以压为正、拉为负。由图 2-41 可知,开采 3-1 煤层后,3-1 煤层上覆岩层和 2-2 煤层上覆岩层应力均表现为压应力,2-2 煤层的间隔煤柱主要受压应力而逐渐破坏,3-1 煤层工作面前方岩体受拉应力。

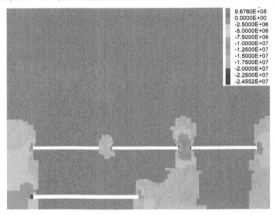

图 2-41 间隔式采空区下长壁式开采 3-1 煤层的应力云图

为了解在开采 2-2 煤层和 3-1 煤层时层间岩体的应力与位移的变化情况,对层间岩体中的(175 m,45 m,37 m)、(175 m,105 m,37 m)和(175 m,165 m,37 m)三点进行监测,得到了如图 2-42 所示的测点(175 m,105 m,37 m)的主应力曲线及三个测点的位移曲线。由图 2-42(a)可知,(175 m,105 m,37 m)测点位于工作面推进前方,1#采空区的形成使得该测点处的应力略有降低,而后 1#采空区顶板的垮落又使应力略有增加。上覆 2#采空区的形成,使得该测点处的应力陡然降低,其中,轴向应力降低程度远大于水平应力,而由于间隔煤柱的存在,σ_y 的降低幅度小于 σ_x。之后该测点应力随着工作面的推进而逐渐稳定,3#采空区的形成对该测点处的应力影响较小。4#采空区的形成,使得层间岩体逐渐垮落,该测点处轴向应力逐渐增加;Y 方向为工作面推进方向,随着工作面的推进,σ_y 持续降低,而 σ_x

所受的影响较小。由图 2-42(b)可知,各个测点随着各自上覆采空区的形成而向上移动,而上一个采空区的形成使得测点略微向下移动。随着 4# 采空区的形成,(175 m,45 m,37 m)测点大幅向下移动,该处层间岩体垮落;(175 m,105 m,37 m)测点略微向下移动,该处层间岩体由于工作面的推进,有向下垮落的趋势;(175 m,165 m,37 m)测点所受的影响较小。结合图 2-42 中非充分垮落采空区下层间岩体中测点的轴向应力和图 2-30 中破碎煤岩混合体的孔隙率变化规律,可以估算得出 2-2 煤层的非充分垮落采空区中的空隙率为 30%~40%。

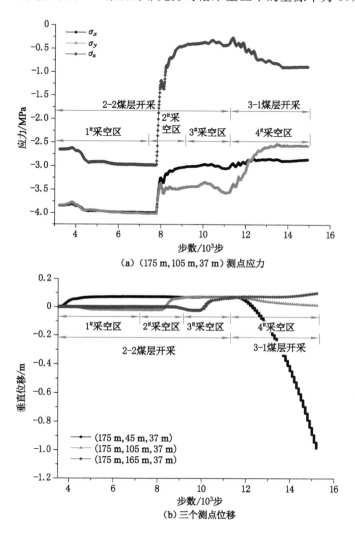

图 2-42　层间岩体重复采动前后测点应力及位移

图 2-43 为南梁煤矿煤层开采的塑性区分布图。由图 2-43 可知,1# 采空区形成后,极小部分顶板成为塑性区,地表部分为土体,受下伏煤层开采的影响转变为塑性区;2# 采空区形成后,顶板的塑性区面积增加,但仍较少,且 1# 采空区上覆顶板的塑性区面积较 2# 采空区上覆顶板的大;3# 采空区形成后,顶板的塑性区面积则有较大幅度增加,各个采空区上覆顶板塑性区面积增加幅度依次为 1# 采空区>2# 采空区>3# 采空区;而间隔煤柱的中间为弹

性区或塑性区,两侧为塑性区,整体呈塑性状态,以剪切破坏为主;4$^#$采空区形成后,4$^#$采空区与1$^#$和2$^#$采空区之间的层间岩体及1$^#$、2$^#$和3$^#$采空区上覆顶板基本成为塑性区,工作面推进方向前方部分层间岩体受重复采动影响成为塑性区,同时,随着下组煤层的推进,塑性区仍以剪切破坏为主,但拉伸破坏的比例逐渐增加。

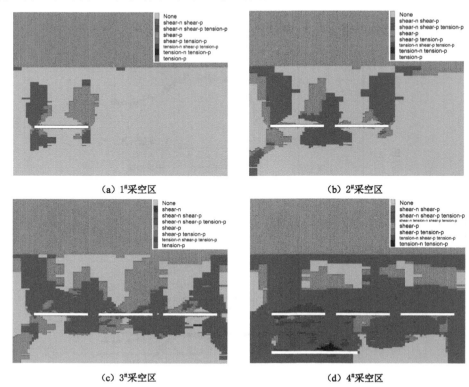

(a) 1$^#$采空区   (b) 2$^#$采空区

(c) 3$^#$采空区   (d) 4$^#$采空区

图 2-43　煤层开采塑性区分布图

图 2-44 为南梁煤矿 2-2 煤层长壁式开采的塑性区分布图。由图 2-44 可知,2-2 煤层长壁式开采使得上覆顶板一定范围成为塑性区,发生大范围垮落,且直接顶以拉伸破坏为主,而地表土体同样由于煤层开采而转变为塑性区。

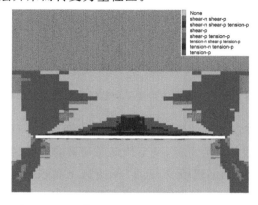

图 2-44　2-2 煤层长壁式开采的塑性区分布图

3 非充分垮落采空区下重复采动围岩裂隙发育规律

采空区下煤层开采时,往往受上覆采空区中流体的影响,而采空区中流体主要通过层间岩体影响下组煤层的正常开采(本书将上组煤层与下组煤层中间的岩层统一称为"层间岩体",以便与上组煤层上覆岩层和下组煤层底部岩层进行区别)。同时,下组煤层的开采也使工作面前方层间岩体产生大量裂隙,从而容易使得上覆采空区与下组煤层连通,影响下组煤层的安全高效开采。

由上文分析可知,非充分垮落采空区的压实特征不同于常见的充分垮落采空区,开采形成非充分垮落采空区后,顶底板位移相对较小,这使得非充分垮落采空区下层间岩体的裂隙发育规律不同于充分垮落采空区。因此,在得出非充分垮落采空区压实特征的基础上,还需要得出非充分垮落采空区下层间岩体在重复采动前后的裂隙发育规律。

本章以南梁煤矿间隔式采空区下层间岩体为研究对象,采用理论研究、实验室实验、CT三维重构反演和数值模拟等相互结合的方法,基于层间岩体重复采动前后的应力路径,实验得出并验证煤岩体的裂隙发育规律,模拟研究非充分垮落采空区下重复采动前后层间岩体的裂隙发育规律,揭示非充分垮落采空区对层间岩体裂隙发育的影响和层间距对裂隙发育的影响,为下文进行非充分垮落采空区下重复采动前后流体渗流特征的研究奠定基础。

3.1 煤岩体三轴压缩实验

为了在实验室模拟南梁煤矿层间岩体真实的裂隙发育情况,根据第2章中层间岩体的围压对弹性煤岩体进行了三轴压缩实验。由第2章中南梁煤矿非充分垮落采空区压实特征的数值模拟结果可知,上组煤层间隔式开采使层间岩体产生了少量位移,其大幅度的位移是下组煤层的开采造成的,下组煤层的开采使得工作面上方和后方的层间岩体垮落,造成工作面前方一定范围内的层间岩体围压减小,同时,该部分层间岩体上覆采空区进一步充分垮落,使得轴压增加。受实验设备的限制,本书中采用保持围压不变而增加轴压的三轴压缩方式对弹性煤岩体进行加载,两者的受力方式不同,但实质相同,从而可以推断得出层间岩体在大量产生裂隙时的破坏形式。

由图 2-42 所示的层间岩体测点应力路径可知,层间岩体上方的煤层在间隔式开采形成采空区后,其水平应力基本保持为 3.0 MPa,变化相对较小,主要是轴压发生了较大的变化,因此,需要研究弹性煤岩体在水平应力为 3.0 MPa 时的应力-应变情况。

3.1.1 实验方案

利用图 3-1 所示的 MTS815 电液伺服岩石实验系统对制备得到的粉砂岩、细砂岩、中砂

岩和煤的 ϕ50 mm×100 mm 标准煤岩样进行三轴伺服加载实验。围压设定为 3.0 MPa,并在煤岩样外放置引伸计作为应变传感器以监测煤岩样的轴向应变和径向应变。

图 3-1　MTS815 电液伺服岩石实验系统

3.1.2　实验结果

根据测得的煤岩样轴向应变和径向应变,利用式(3-1)计算得出体积应变,并绘制如图 3-2 所示的不同煤岩体三轴全应力-应变曲线,其中,应变方向以压为正、拉为负。由图 3-2 可知,相同围压情况下,不同煤岩体的全应力-应变曲线基本相似,反映了其破坏规律基本一致,抗压强度大小依次为:粉砂岩＞细砂岩＞中砂岩＞煤。随着轴压的增加,煤岩体轴向逐渐被压缩,轴向压应变逐渐增加,而径向在轴压加载到一定程度后方才产生拉应变;达到抗压强度后,煤岩体迅速破裂,从而使得煤岩体轴压迅速降低,轴向应变基本保持不变,而径向应变则迅速增加;达到抗压强度时,煤岩体的轴向应变均大于径向应变,煤体的径向应变大于岩体。在达到抗压强度时,岩体的体积应变均为压应变,即其整体的体积缩小,破坏形式表现为剪切破坏,可以推断得出层间岩体产生大量裂隙时的破坏形式为剪切破坏。而煤体的体积应变为拉应变,破坏形式表现为拉伸破坏,即此时煤体的整体体积已经增大,在未达到应力峰值点时,曾出现体积应变为零的状态。

$$\varepsilon_v = \varepsilon_1 + 2\varepsilon_2 \tag{3-1}$$

式中,ε_v 为煤岩体体积应变;ε_1 和 ε_2 分别为煤岩体的轴向应变和径向应变。

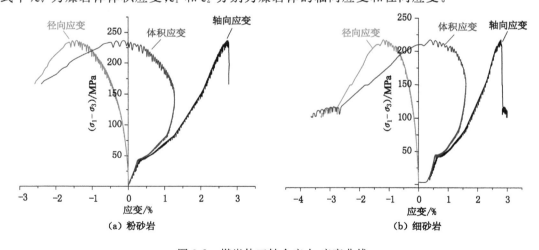

图 3-2　煤岩体三轴全应力-应变曲线

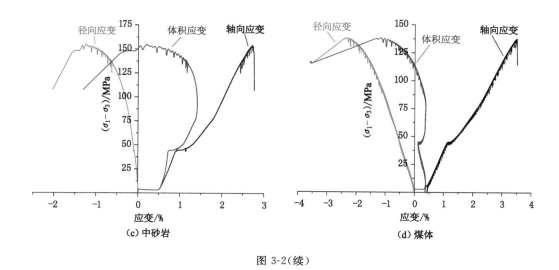

图 3-2(续)

3.2　粉砂岩裂隙发育特征 CT 扫描实验

3.2.1　CT 扫描实验

为研究层间岩体的裂隙发育特性,分别将未加载状态下的弹性岩体和达到抗压强度状态下的裂隙岩体(围压仍为 3.0 MPa)进行 CT 扫描,以便对比三轴加载前后岩体裂隙的发育特征。由表 2-1 可知,南梁煤矿层间岩体主要为粉砂岩,因此,以粉砂岩为对象进行研究。

将 $\phi 50$ mm×100 mm 的粉砂岩岩样用塑料薄膜包裹(以防加载时小碎块掉落),利用图 2-25 所示的高分辨三维 X 射线显微成像系统分别对未加载状态下的弹性粉砂岩和达到抗压强度状态下的裂隙粉砂岩进行 CT 扫描。由于扫描的岩样高度较高,因此,需要将岩样分为上下两部分分别进行扫描,然后进行拼接。弹性粉砂岩扫描确定中心点后,保持扫描中心点不变,对裂隙粉砂岩进行扫描,以便更好地将岩体裂隙发育特征反映出来。表 3-1 为弹性和裂隙粉砂岩的 CT 扫描参数,其 CT 扫描参数一致。

表 3-1　弹性和裂隙粉砂岩的 CT 扫描参数

岩样	滤镜	体素分辨率/μm	电压/kV(功率/W)	曝光时间/s	扫描时间/h
粉砂岩	无	47.06	100(9)	8	5.6

3.2.2　岩体三维重构

图 3-3 和图 3-4 分别为加载前和加载后的粉砂岩扫描切片,包括 XY、XZ 和 YZ 方向。由图 3-3 可知,粉砂岩中主要为岩石基质,含有少量矿物质成分,但没有成片的矿脉,对加载后裂隙的形成不具有影响[159-160];加载前的粉砂岩中没有明显的原生孔裂隙,故不再对其进行三维重构。由图 3-4 可知,加载后的粉砂岩中出现大量裂隙,其中,由 XZ 方向的扫

描切片可以看出,裂隙呈 X 状的共轭斜面;由于加载轴压远大于围压,粉砂岩加载后剪切破坏。

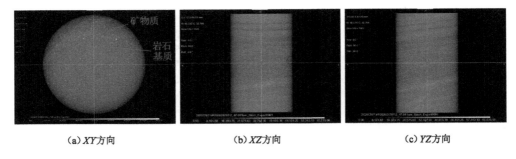

（a）XY方向   （b）XZ方向   （c）YZ方向

图 3-3   加载前的粉砂岩扫描切片

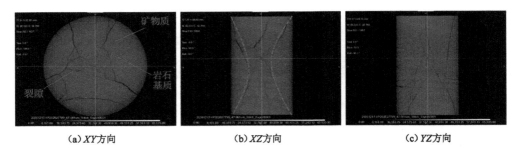

（a）XY方向   （b）XZ方向   （c）YZ方向

图 3-4   加载后的粉砂岩扫描切片

利用 Dragonfly 软件对裂隙粉砂岩的扫描切片进行三维重构,由于部分切片存在由扫描原理造成的扫描伪影,因此,在不影响岩体三维重构效果的前提下,上下各去掉 80 张切片。将裂隙粉砂岩按阈值大小进行分割,将样品分割为孔隙和岩石基质;由于矿物质不是研究的重点,故将粉砂岩中的矿物质划分到岩石基质中。

首先,选取五六张典型的裂隙粉砂岩扫描切片进行人工分割;然后,选用不同的机器学习模型和深度学习模型进行训练,并对不同模型下的训练效果进行对比;最终,确定采用机器学习的平均方法中的随机森林算法（R-Forest_A）模型（该方法的训练效果得分超过0.97）对裂隙粉砂岩扫描切片进行 AI 图像分割,得到了如图 3-5 所示的加载后的粉砂岩的三维重构图像,图中的绿色线条即粉砂岩加载后产生的裂隙。由图 3-5 可知,裂隙岩体的三维重构可以更好地反映裂隙与岩石基质的三维结构关系,同时,说明机器学习模型更适用于煤岩体中的裂隙阈值分割。

3.2.3 岩体裂隙网络模型及发育特征

为更好地研究岩体的裂隙发育特征,对其中的裂隙进行提取,得到了如图 3-6 所示的粉砂岩裂隙空间分布图。由图 3-6 可以看出,提取获得的粉砂岩裂隙空间分布可以直观地反映裂隙的三维结构（为呈 X 状的共轭斜面）,属于典型的剪切破坏,验证了 3.1.2 小节中得出的结论。

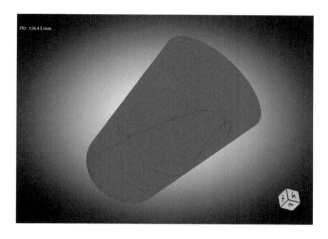

图 3-5   加载后的粉砂岩三维重构图像

图 3-6   粉砂岩裂隙空间分布

获得粉砂岩的裂隙空间分布后,为进一步研究裂隙的连通性,利用 Dragonfly 软件中自带的 PNM 模型,对裂隙粉砂岩中的裂隙区域进行建模,得到了如图 3-7 所示的粉砂岩裂隙网络模型。该模型以实际值作为球和边的半径,其中,球的半径和颜色均代表孔隙直径(图 3-7 中下方标签为球的颜色标签),边的半径和颜色均代表喉道直径(图 3-7 中右侧标签为边的颜色标签),孔隙和喉道的半径和空间分布在图 3-7 中可以较为直观地显现。对比裂隙岩体与破碎煤岩体中孔隙大小可以得出,裂隙岩体中的孔隙直径和喉道直径远小于破碎煤岩体,从而使得裂隙岩体的渗透率远小于破碎煤岩体。对该模型计算得出,裂隙粉砂岩的拓扑连通性平均值为 3.758,大于充分压实后破碎煤岩体的拓扑连通性,而小于未压实的破碎煤岩体的拓扑连通性,近似等于非充分压实的破碎煤岩体的拓扑连通性,即层间岩体中的裂隙直径较小,但连通性较好。

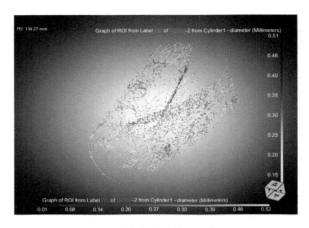

图 3-7　粉砂岩裂隙网络模型

3.3　围岩裂隙发育的数值模拟

由于南梁煤矿 2-2 煤层与 3-1 煤层的层间距仅为 35 m，因此，需要研究非充分垮落采空区下重复采动前后围岩的裂隙发育规律，并与充分垮落采空区下重复采动前后围岩的裂隙发育规律进行对比。本书采用离散元型的 UDEC 软件对 2-2 煤层和 3-1 煤层之间层间岩体的裂隙发育进行数值模拟。

3.3.1　数值模型构建

图 3-8 所示为建立的南梁煤矿离散元数值模型，具体的参数和岩层布置与第 2 章中利用 FLAC3D 模拟软件建立的模型一致，为基于 YZ 方向构建的模型，采用莫尔-库仑准则。为了方便研究，与有限元数值模型一样，在 2-2 煤层中开采形成 1#、2# 和 3# 采空区，在 3-1 煤层中开采形成 4# 采空区，4# 采空区的工作面仍推进至 2# 采空区下方。以非充分垮落采空区上覆岩体为研究区域 A，监测研究区域 A 在非充分垮落采空区下重复采动前后发生破坏的接触数量；以 2# 采空区下方和下伏长壁工作面前方的层间岩体为研究区域 B，监测研究区域 B 在非充分垮落采空区下重复采动前后发生破坏的接触数量［A 和 B 区域如图 3-9(b)所示］，从而对比得出非充分垮落采空区上覆岩体和层间岩体在重复采动前后的裂隙发育规律。

3.3.2　重复采动前围岩裂隙发育规律

研究重复采动前的裂隙发育规律，需要逐一开采形成 2-2 煤层的 3 个采空区，以 2# 采空区下方和 4# 采空区工作面推进前方的上覆层间岩体为研究对象。图 3-9 所示为开采 2-2 煤层形成 1# 采空区后的岩层垮落与裂隙发育情况。由图 3-9 可知，间隔式开采形成 1# 采空区后的岩层垮落高度较小，顶板没有大范围垮落，顶板中部垮落高度最大，直接顶与上部岩层之间产生较小的离层，研究范围内几乎没有裂隙产生，裂隙主要出现在 1# 采空区上覆岩体和下方岩体中；由于采空区上覆顶板未垮落，上覆岩体产生的裂隙较下方岩体少。

图 3-10 所示为开采 2-2 煤层形成 2# 采空区后的岩层垮落与裂隙发育情况。由图 3-10

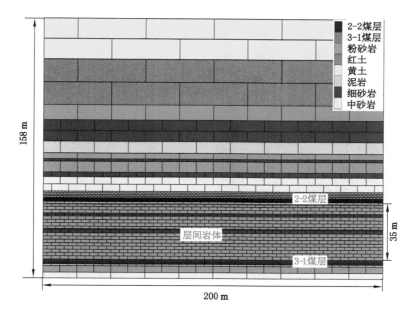

图 3-8　南梁煤矿 UDEC 数值模型

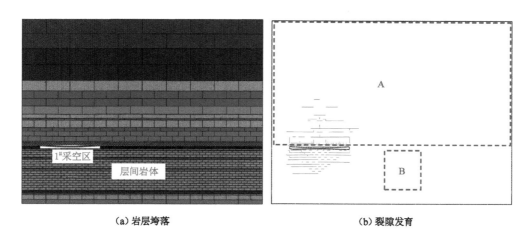

（a）岩层垮落　　　　　　　　　　（b）裂隙发育

图 3-9　2-2 煤层 1# 采空区形成后的岩层垮落和裂隙发育情况

可知，随着 2# 采空区的形成，1# 采空区顶板的垮落高度略微增大，研究范围内的 2# 采空区下方岩体中产生少量裂隙，1# 采空区下方岩体中的裂隙增多。由于煤岩层呈近水平分布，裂隙主要沿水平方向产生和发育。

图 3-11 所示为开采 2-2 煤层形成 3# 采空区后的岩层垮落和裂隙发育情况。由图 3-11 可知，随着 3# 采空区的形成，1# 和 2# 采空区顶板垮落高度增大，离层间距增大，3# 采空区上覆岩体和下方岩体中产生裂隙，研究范围内的 2# 采空区下方岩体裂隙增多，但未继续向下方岩层扩展。

若 2-2 煤层工作面采用长壁式采煤方法开采，可根据垮落带和导水裂隙带高度经验计算公式[161]［式（3-2）和式（3-3）］，分别计算得出煤层开采后的覆岩垮落带高度和导水裂隙带

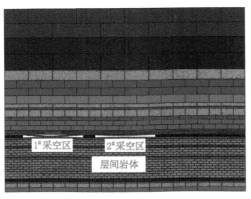 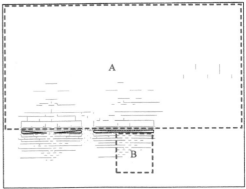

（a）岩层垮落　　　　　　　　　　　（b）裂隙发育

图 3-10　2-2 煤层 2# 采空区形成后的岩层垮落和裂隙发育情况

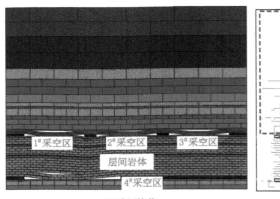 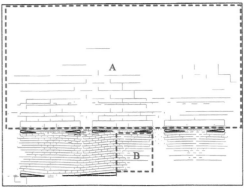

（a）岩层垮落　　　　　　　　　　　（b）裂隙发育

图 3-11　2-2 煤层 3# 采空区形成后的岩层垮落和裂隙发育情况

高度,其中不同岩性的覆岩垮落带高度和导水裂隙带高度计算公式的参数分别如表 3-2 和表 3-3 所示。

$$h_{k} = \frac{100h_{c}}{a_{2}h + b_{2}} \pm n_{1} \qquad (3-2)$$

式中,h_{k} 为覆岩垮落带高度;h_{c} 为煤层采厚;a_{2} 和 b_{2} 为参数;n_{1} 为误差。

表 3-2　不同岩性覆岩垮落带高度计算公式参数

覆岩岩性	单轴抗压强度/MPa	主要岩石名称	参　数		
			a_{2}	b_{2}	n_{1}
坚硬	40~80	石英砂岩、石灰岩、砾岩	2.1	16	2.5
中硬	20~40	砂岩、泥质灰岩、砂质页岩、页岩	4.7	19	2.2
软弱	10~20	泥岩、泥质砂岩	6.2	32	1.5
极软弱	<10	铝土岩、风化泥岩、黏土、砂质黏土	7.0	63	1.2

$$h_{li} = c_1 \sqrt{h_c} + d_1 \qquad (3-3)$$

式中,h_{li} 为覆岩导水裂隙带高度;c_1 和 d_1 为参数。

表 3-3 不同岩性覆岩导水裂隙带高度计算公式参数

覆岩岩性	单轴抗压强度/MPa	主要岩石名称	参　数	
			c_1	d_1
坚硬	40~80	石英砂岩、石灰岩、砾岩	30	10
中硬	20~40	砂岩、泥质灰岩、砂质页岩、页岩	20	10
软弱	10~20	泥岩、泥质砂岩	10	5

　　南梁煤矿 2-2 煤层的上覆岩层为粉砂岩,由表 2-19 可知,其单轴抗压强度为 47.22 MPa,根据表 3-2 可知,其覆岩岩性为坚硬岩层。因此,根据式(3-2)和式(3-3)及表 3-2 和表 3-3 中的参数,可以计算得出南梁煤矿 2-2 煤层采用长壁式采煤法开采,其垮落带高度和导水裂隙带高度分别约为 10.8 m 和 55 m。

　　由图 3-9、图 3-10 和图 3-11 可以看出,南梁煤矿间隔式开采 2-2 煤层后,顶板垮落带高度和导水裂隙带高度分别约为 6.0 m 和 40 m,两者均远小于由式(3-2)和式(3-3)得出的长壁式开采后的顶板垮落带高度和导水裂隙带高度,间隔式开采后的顶板垮落带高度和导水裂隙带高度分别约为长壁式开采后顶板垮落带高度和导水裂隙带高度的 56% 和 73%。

3.3.3　重复采动后围岩裂隙发育规律

　　下组煤层的开采使上覆采空区的顶板易于垮落,裂隙更为发育[162-166],因此,需要针对非充分垮落采空区下煤层重复采动后的围岩裂隙发育情况进行研究。图 3-12 所示为开采 3-1 煤层形成 4# 采空区后的岩层垮落和裂隙发育情况。由图 3-12 可知,随着 4# 采空区的形成,上方 1# 采空区顶板完全垮落形成充分垮落采空区,1# 采空区和 2# 采空区之间的间隔煤柱完全失稳,靠近 1# 采空区一侧的 2# 采空区的顶板也充分垮落,3# 采空区和靠近 3# 采空区一侧的 2# 采空区的顶板垮落程度均增大,离层间距加大,4# 采空区顶板中部充分垮落,形成离层区。1# 采空区和 2# 采空区左侧的完全垮落,以及 2# 采空区右侧和 3# 采空区的大幅垮落,使得 2-2 煤层上覆岩体产生大量裂隙,部分裂隙几乎导通至地表。由于 4# 采空区顶板的充分垮落,层间岩体裂隙充分发育,研究范围内的裂隙大幅增多。同时,由于 4# 采空区上覆岩层的垮落和离层,竖直方向的裂隙大幅增加;而竖直方向裂隙的产生,导致 3-1 煤层工作面推进前方顶板很容易与上覆 2-2 煤层的采空区导通,将采空区中的水和气体等导向工作面。另外,2-2 煤层上覆岩层中部分裂隙几乎导通至地表,从而使得雨季降落的雨水极易通过岩层中裂隙与 2-2 煤层采空区导通至 3-1 煤层工作面,同时,地面的新鲜空气也容易进入 2-2 煤层采空区,容易与间隔式采空区中遗留的大量煤体接触而导致煤体自燃。

　　基于 Bai 等数值模拟得出的顶板垮落过程中拉伸和剪切破坏裂隙的发育规律[167-168],本书提出岩体损伤度的概念,以岩体损伤度为指标对岩体的裂隙发育程度进行定量表征。岩体损伤度指在煤层开采过程中监测区域的岩体中发生拉伸破坏和剪切破坏的接触长度之和与监测区域岩体中总接触长度之比,具体计算公式见式(3-4),其中,监测区域的岩体中拉伸破坏的接触长度与总接触长度之比为拉伸损伤度,具体计算公式见式(3-5),剪切破坏的

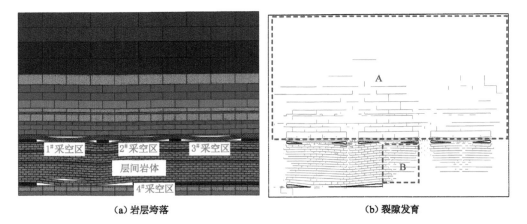

（a）岩层垮落   （b）裂隙发育

图 3-12   3-1 煤层 4# 采空区形成后的岩层垮落和裂隙发育情况

接触长度与总接触长度之比为剪切损伤度，具体计算公式见式（3-6）。

$$K_d = \frac{c_t + c_s}{c_0} \times 100\% \tag{3-4}$$

$$K_t = \frac{c_t}{c_0} \times 100\% \tag{3-5}$$

$$K_s = \frac{c_s}{c_0} \times 100\% \tag{3-6}$$

式中，K_d 为岩体损伤度；K_t 为岩体拉伸损伤度；K_s 为岩体剪切损伤度；c_0 为岩体中总接触长度，m；c_t 和 c_s 分别为发生拉伸破坏和剪切破坏的接触长度，m。

通过对重复采动前后上覆岩体中研究区域 A 和层间岩体中研究区域 B 的破坏接触长度的持续监测，得出了如图 3-13 所示的上覆岩体和层间岩体损伤度变化情况。由图 3-13可知，重复采动前，随着多个非充分垮落采空区的逐渐形成，上覆岩体区域 A 和层间岩体区域 B 的岩体损伤度均逐渐增加，且拉伸损伤度总体上略大于剪切损伤度，即上组煤层的间隔式开采对上覆岩体和层间岩体的破坏形式均主要为拉伸破坏，其中，上覆岩体的裂隙损伤度基本呈线性增加；重复采动后，上覆岩体区域 A 和层间岩体区域 B 的岩体损伤度均急剧增加，且此时剪切损伤度均大于拉伸损伤度，即下组煤层的长壁式开采对上覆岩体和层间岩体的破坏形式均主要为剪切破坏，同 3.1 节得出的结论一致，从而说明可以按照 3.1 节中采用的应力加载方式预先获得裂隙煤岩体，然后进行裂隙煤岩体的渗流实验。

3.3.4   非充分垮落采空区对围岩裂隙发育的影响

为了得出非充分垮落采空区对上覆岩体和层间岩体裂隙发育的影响，对南梁煤矿 2-2煤层进行了长壁式开采的数值模拟，对比间隔式采空区下和长壁式采空区下重复采动前后上组煤层上覆岩体和层间岩体裂隙发育规律，3-1 煤层仍采用长壁式开采，与间隔式采空区下煤层开采一致，推进至相同位置处。

图 3-14 所示为长壁式开采 2-2 煤层后的岩层垮落和裂隙发育情况。由图 3-14 可知，长壁式开采 2-2 煤层后中部顶板充分垮落形成充分垮落采空区，上覆岩层产生了大量裂隙；对

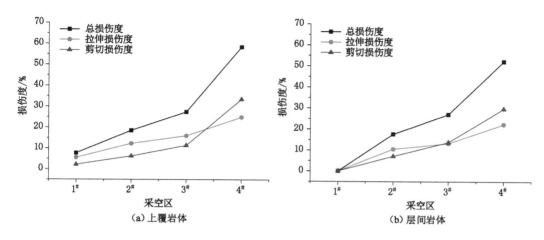

图 3-13 开采形成不同采空区后不同区域的岩体损伤度

比图 3-11 可知,长壁式开采后上覆岩体产生的裂隙远超过间隔式开采,而层间岩体产生的裂隙相对较少。

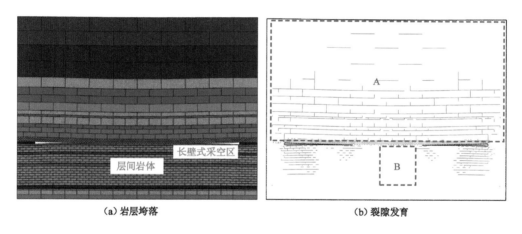

图 3-14 2-2 煤层长壁式开采后的岩层垮落和裂隙发育情况

图 3-15 所示为长壁式采空区下开采 3-1 煤层后的岩层垮落和裂隙发育情况。由图 3-15 可知,开采 3-1 煤层后,工作面上方和后方层间岩体大幅垮落,上覆长壁式采空区的充分垮落程度增加;对比图 3-12 可知,相比间隔式采空区,长壁式采空区下开采煤层后上覆岩层新增的裂隙不太明显,而层间岩体新增的裂隙也相对较少。

为定量表征长壁式开采煤层后不同区域的岩体裂隙发育程度,对煤层开采过程中上覆岩体研究区域 A 和层间岩体研究区域 B 中接触破坏的长度进行了长期监测,监测结果如图 3-16 所示。由图 3-16 可知,充分垮落采空区下重复采动前后,上覆岩体的裂隙损伤度差别较小,即下组煤层的开采对上覆岩体的裂隙发育影响较小,同时,层间岩体的裂隙损伤度增长也相对较小,即下组煤层的开采使得工作面前方层间岩体的裂隙进一步发育,但增长幅度相比非充分垮落采空区下重复采动较小。可见,非充分垮落采空区对岩体裂隙的发育有较大影响,非充分垮落采空区下重复采动后采空区上覆岩体和工作面前方层间岩体的裂

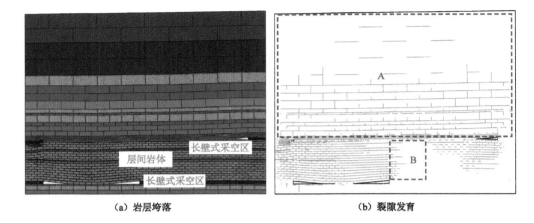

（a）岩层垮落　　　　　　　　　　　（b）裂隙发育

图 3-15　长壁式采空区下开采 3-1 煤层后的岩层垮落和裂隙发育情况

隙均大幅增加，层间岩体裂隙更为发育，因此，开采非充分垮落采空区下煤层时，需要时刻注意工作面前方岩体的裂隙发育情况，防止上覆采空区积水或有毒有害气体通过层间岩体裂隙渗入工作面。另外，重复采动后，上覆岩体和层间岩体的剪切损伤度均有一定程度的增加。

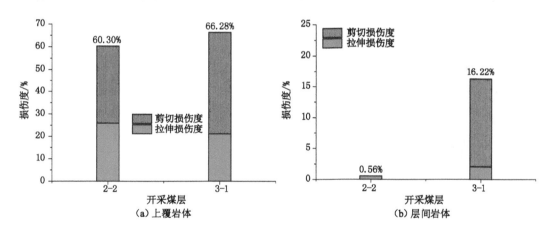

图 3-16　长壁式开采煤层后不同区域的岩体损伤度

3.4　层间距对围岩裂隙发育特征的影响

由于层间岩体对非充分垮落采空区下煤层的安全高效开采有至关重要的意义，因此，层间岩体高度（即层间距）对裂隙发育的影响也需要进行研究。由图 2-36 可知，南梁煤矿 2-2 煤层和 3-1 煤层之间 35 m 的层间岩体包括粉砂岩、细砂岩和泥岩，但主要为粉砂岩，因此，为模拟层间距对重复采动围岩裂隙发育的影响，构建层间距分别为 5 m、20 m、35 m、50 m 和 65 m 的模型，同时，为方便建模，将层间岩体均设置为粉砂岩，其余相关条件同图 3-8 中数值模型一致。本节主要通过对比层间距对岩层垮落和裂隙发育程度的影响而得出层间距对裂隙发育的影响规律。

3.4.1 层间距对岩层垮落程度的影响

由于层间距不会影响上组煤层的岩层垮落和裂隙发育,故此处不再一一列出。图 3-17 所示为重复采动后不同层间距下的岩层垮落状态。由图 3-17 可知,重复采动后,随着层间距的增大,上覆非充分垮落采空区进一步垮落的程度逐渐减小,层间岩体的垮落程度也逐渐减小。

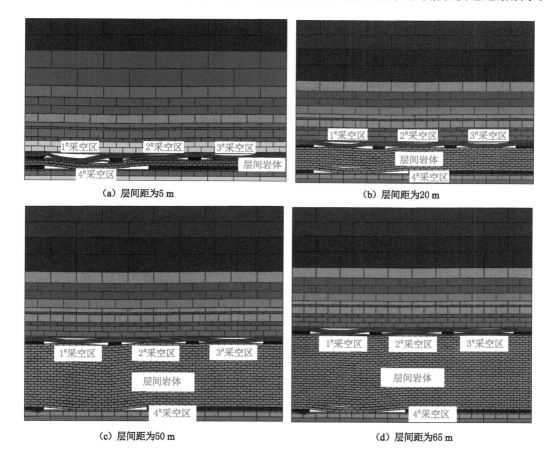

图 3-17　重复采动后不同层间距下的岩层垮落状态

3.4.2 层间距对围岩裂隙发育的影响

图 3-18 所示为重复采动后不同层间距下的裂隙发育状态。由图 3-18 可知,随着层间距的增大,非充分垮落采空区上覆岩体研究区域 A 的面积没有发生变化,总接触长度也没有发生变化;而层间岩体研究区域 B 的面积逐渐增加,总接触长度也逐渐增加。为了定量表征非充分垮落采空区下重复采动层间距对岩体裂隙发育的影响规律,对不同层间距模型中非充分垮落采空区上覆岩体研究区域 A 和工作面前方层间岩体研究区域 B 中接触破坏的长度进行了长期监测。

图 3-19 所示为非充分垮落采空区下重复采动后,不同层间距对非充分垮落采空区上覆岩体和工作面前方层间岩体裂隙发育的影响情况。由图 3-19 可知,随着层间距的增大,非充分

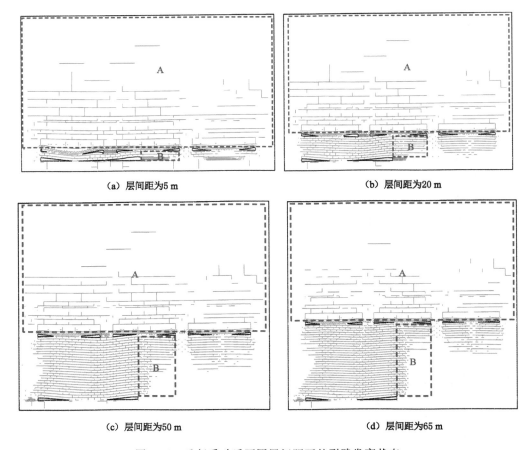

（a）层间距为 5 m　　　　　　　　　（b）层间距为20 m

（c）层间距为50 m　　　　　　　　　（d）层间距为65 m

图 3-18　重复采动后不同层间距下的裂隙发育状态

垮落采空区上覆岩体和工作面前方层间岩体的损伤度均逐渐降低，即非充分垮落采空区上覆岩体和工作面前方层间岩体的裂隙发育程度均逐渐降低，破坏形式主要为剪切破坏；当层间距为 5 m 时，由于层间距过小，上覆岩体和层间岩体的剪切损伤度与拉伸损伤度相差较大。

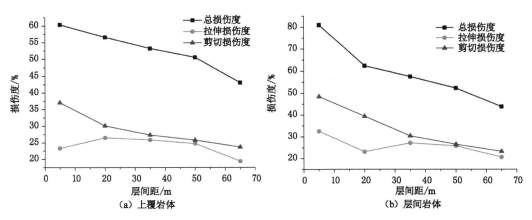

图 3-19　不同层间距对不同区域岩体损伤度的影响

4 破碎煤岩体和裂隙岩体水渗流特征的实验研究

通过前两章的理论研究和实验研究得出了破碎煤岩体的侧限压实特征和岩体的裂隙发育规律,非充分垮落采空区中破碎煤岩体压实程度低,孔隙空间大,易于流体流动,其顶底板岩层主要产生拉伸裂隙,而非充分垮落采空区下重复采动后,采空区中破碎煤岩体被进一步压实,孔隙空间缩小,同时,上覆岩体和层间岩体的裂隙增加,且多为剪切裂隙,从而使得地表水体很容易通过岩体裂隙通道进入非充分垮落采空区和下组煤层工作面,进而影响工作面的安全高效开采。因此,研究破碎煤岩体和裂隙岩体的水渗流特征就显得很有必要,可以为研究非充分垮落采空区下重复采动前后的水渗流特征和防治水提供理论和数据的支撑。

本章以破碎煤岩体和裂隙岩体为研究对象,采用理论研究和实验室实验研究相结合的方法,研究破碎煤岩体和裂隙岩体的水渗流特征,构建破碎煤岩体应力-孔隙-水渗流耦合模型,为进行工程尺度下的非充分垮落采空区下重复采动水渗流特征和防治水的研究奠定理论基础。

4.1 煤岩体水渗流特征理论研究

由于煤岩体均对水有较强的吸收能力,尤其是破碎状态下的煤岩体,因此,进行破碎煤岩体的水渗流实验需要使破碎煤岩体在水中浸泡至饱和状态,然后进行饱和破碎煤岩体的水渗流实验。因此,研究破碎煤岩体水渗流特征时不需要考虑煤岩体对水的吸收作用。

煤矿现场的水渗流和瓦斯流动均符合基于渗流失稳假说建立的采动岩体渗流力学,煤矿常发的突水、瓦斯突出和突水溃砂等自然灾害均为渗流失稳的体现,而该机制的关键在于渗流系统的非线性和参变性(即参量随时间变化)[169-175],该假说的主要数学基础是微分动力系统的结构稳定性理论(分岔理论)。

4.1.1 弹性煤岩体水渗流特征理论

在研究破碎煤岩体水渗流理论之前,首先需要明确弹性煤岩体中的水渗流理论。气体和水的流动一般分为线性流动(达西渗流)和非线性流动(非达西渗流)。而区别线性流动和非线性流动的重要指标之一为惯性力和黏性力之比的雷诺数[计算公式见式(4-1)],由层流过渡到湍流的雷诺数为临界雷诺数。渗流阻力系数(由范宁摩擦因数表征)与雷诺数的关系如图 4-1 所示。由图 4-1 可知,雷诺数小于临界值时为层流运动,大于临界值时为湍流运动。

$$Re = \frac{\varrho_{\mathrm{f}} v d}{\varphi \mu_{\mathrm{f}}} \qquad (4\text{-}1)$$

式中,d 为固体颗粒直径;ϱ_{f} 和 μ_{f} 分别为流体的质量密度及动力黏度;v 为流速。

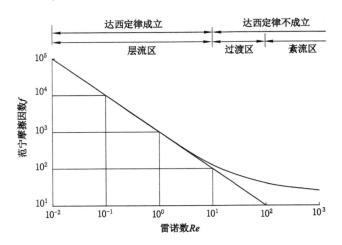

图 4-1　渗流阻力系数与雷诺数的关系

由图 4-1 可知,达西定律的雷诺数范围一般为 $1\sim10$;弹性煤岩体中渗流的雷诺数一般在此区间,因此,弹性煤岩体中的渗流为线性流动,满足达西定律。达西定律由法国著名科学家达西通过实验室实验总结得出[3]。

$$v = -\frac{k}{\mu_{\mathrm{f}}} \frac{\partial p}{\partial x} \qquad (4\text{-}2)$$

式中,v 为流速,cm/s;$\frac{\partial p}{\partial x}$ 为压力梯度,MPa/cm;k 为渗透率,mD;μ_{f} 为流体的动力黏度,Pa·s。

对于煤岩体水渗流,由于水渗流仪器的流量计一般在煤岩体入口端的前方,而出口端水压为零,故设 q_{w} 为 $p_{\mathrm{w1}}/2$ 时的流量,q_{w1} 为入口端水流量,由状态方程可得:

$$\frac{p_{\mathrm{w1}}}{2} q_{\mathrm{w}} = p_{\mathrm{w1}} q_{\mathrm{w1}} \qquad (4\text{-}3)$$

由式(4-3)可得:

$$q_{\mathrm{w}} = 2q_{\mathrm{w1}} \qquad (4\text{-}4)$$

其中,$q_{\mathrm{w}} = A v_{\mathrm{w}}$,$A$ 为煤岩体断面积。

将式(4-4)代入达西定律[式(4-2)],可得到水在弹性煤岩体中流动的渗透率:

$$k_{\mathrm{w}} = \frac{2 q_{\mathrm{w1}} \mu_{\mathrm{w}} h}{A (p_{\mathrm{w1}} - p_{\mathrm{w2}})} \qquad (4\text{-}5)$$

式中,k_{w} 为煤岩样水的渗透率,mD;q_{w1} 为入口端水流量,cm³/s;μ_{w} 为水的动力黏度,Pa·s;h 为煤岩样高度,cm;A 为煤岩样断面积,cm²;p_{w1} 和 p_{w2} 分别为煤岩样入口端和出口端的水压,MPa。

4.1.2　裂隙和破碎煤岩体水渗流特征理论

由图 4-1 可知,达西定律的雷诺数范围一般为 $1\sim10$,而裂隙和破碎煤岩体中渗流的雷诺数一般远大于 10，超出了达西定律成立的范围，属于紊流区。因此，裂隙和破碎煤岩体中的渗流为非达西渗流。非达西渗流为受惯性力和湍流影响的，具有高水力坡降和高雷诺数等特征的流动。对于非达西渗流，可认为相同轴压条件下（或相同孔隙率条件下），不同流体压力下的流体渗透率一致，即由于孔隙较大，流体压力对渗透率没有影响。

关于非达西渗流的理论较多，本书采用的非达西渗流理论计算公式主要基于 Forchheimer 经验公式（$J = av + bv^2$，1901）。Forchheimer 公式的一维动量方程为：

$$\rho c_{wa} \frac{\partial v}{\partial t} = -\frac{\partial p}{\partial x} - \frac{\mu}{k} v - \beta \rho v^2 \tag{4-6}$$

对于裂隙和破碎煤岩体的一维单向非达西稳态水渗流，$\frac{\partial v}{\partial t} = 0$，则式（4-6）可表示为：

$$-\frac{\mathrm{d}p}{\mathrm{d}x} = \frac{\mu_w}{k_w} v_w + \beta \rho_w v_w^2 \tag{4-7}$$

其中，出口端水压为零，因此，水压梯度可表示为：

$$\frac{\mathrm{d}p}{\mathrm{d}x} = \frac{p_{w2} - p_{w1}}{h} = -\frac{p_{w1}}{h} \tag{4-8}$$

联立式（4-7）和式（4-8）可以得到：

$$\frac{p_{w1}}{h} = \frac{\mu_w}{k_w} v_w + \beta \rho_w v_w^2 \tag{4-9}$$

其中，达西流偏离因子为：

$$b_d = \beta \rho_w \tag{4-10}$$

式中，v_w 为水渗流速度；μ_w 为水的动力黏度；ρ_w 为水的质量密度；k_w 为煤岩样水的渗透率；β 为非达西流因子；c_{wa} 为水的加速度系数；p_{w1} 和 p_{w2} 分别为入口端和出口端的水压；h 为试样高度。

裂隙和破碎煤岩体中的水渗流同样满足状态方程，入口端流量 q_{w1} 与 $p_{w1}/2$ 时的流量之间的关系依然满足式（4-4）；破碎煤岩体的水渗流中，A 的含义变为破碎煤岩体渗流装置的截面积。

将式（4-4）代入式（4-9），可以得到裂隙和破碎煤岩体的水的渗透率 k_w：

$$k_w = \frac{2\mu_w A h q_{w1}}{A^2 p_{w1} - 4\beta \rho_w h q_{w1}^2} \tag{4-11}$$

对于非达西渗流，需要对两个以上不同水压下的流量进行联立计算，才能得到该轴压下（或该孔隙率下）的渗透率与非达西流因子 β。因此，假定裂隙和破碎煤岩体入口端水压分别为 p_1、p_2，而出口端水压均为零，入口端流量分别为 q_1、q_2，则可以得到水压为 p_1 和 p_2 下的水的渗透率：

$$k_1 = \frac{2\mu_w A h q_1}{A^2 p_1 - 4\beta \rho_w h q_1^2} \tag{4-12}$$

$$k_2 = \frac{2\mu_w A h q_2}{A^2 p_2 - 4\beta \rho_w h q_2^2} \tag{4-13}$$

比较式（4-12）和式（4-13），可以得到非达西流因子 β：

$$\beta = \frac{A^2 (q_1 p_2 - q_2 p_1)}{4\rho h (q_1 q_2^2 - q_1^2 q_2)} \tag{4-14}$$

得出 β 后，代入式（4-12）和式（4-13）即可得到其对应的渗透率。

4.2 煤岩体水渗流特征实验方案

4.2.1 煤岩体矿物组分分析

由于对煤岩体进行水渗流实验需要考虑煤岩体中是否有会与水发生反应或易溶于水的矿物组分,因此,需要对煤岩体中的矿物组分进行测试分析。

首先,利用 600 目(孔径为 25 μm)的砂石筛筛选出符合测试条件的粉末态的岩石和煤;然后,利用 X 射线衍射仪分别对细砂岩、中砂岩、粉砂岩和煤进行检测分析,得出其相应的矿物组成成分及含量(图 4-2)。

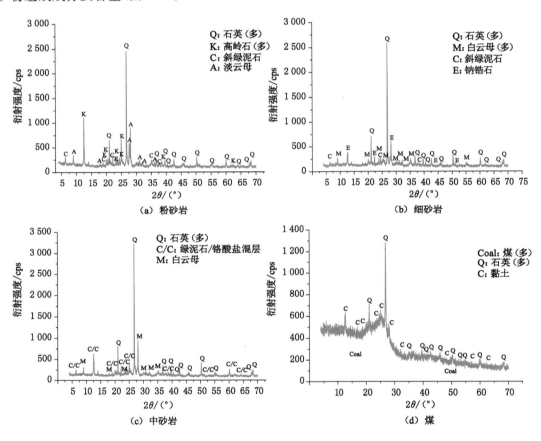

图 4-2 煤岩体主要矿物组分

由图 4-2 可知,粉砂岩、细砂岩和中砂岩的主要矿物成分是石英,此外,还有部分高岭石、白云母或斜绿泥石等,煤的主要矿物成分是煤和石英,而以上矿物组分在常温下均不与水发生反应且不易溶于水。因此,可以对粉砂岩、细砂岩、中砂岩和煤进行水浸泡及水渗流实验。

4.2.2 水渗流实验仪器简介

本书中的水渗流实验主要包括饱和破碎煤岩体水渗流实验、弹性煤岩体水渗流实验、裂隙煤岩体水渗流实验和组合岩体水渗流实验。其中,弹性煤岩体水渗流实验、裂隙煤岩体水渗流实验和组合岩体水渗流实验均采用如图 3-1 所示的 MTS815 电液伺服岩石实验系统,而饱和破碎煤岩体水渗流实验则采用循环供水式破碎岩石渗透实验系统(图 4-3 和图 4-4 分别为循环供水式破碎岩石渗透实验系统的装置简图与实体装置图)。MTS815 电液伺服岩石实验系统较为常见,属常规岩石力学实验仪器,故不对其进行详细介绍,此部分主要对循环供水式破碎岩石渗透实验系统进行简介。

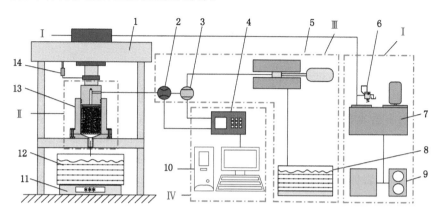

Ⅰ—轴压加载及控制系统;Ⅱ—渗透仪;Ⅲ—渗透压力控制系统;Ⅳ—数据采集系统;
1—压力机;2—质量流量计;3—压力传感器;4—数据采集装置;5—交替供水装置;6—溢流阀;7—油源;
8—水箱;9—冷却装置;10—PC 端;11—带通信电子秤;12—水槽;13—渗透仪;14—位移传感器。

图 4-3　循环供水式破碎岩石渗透实验系统(装置简图)

压力机+渗透仪

交替供水装置

油源系统

PC端

控制柜

冷却装置

图 4-4　循环供水式破碎岩石渗透实验系统(实体装置)

循环供水式破碎岩石渗透实验系统[176]，主要由轴向加载及控制系统、渗透仪、渗透压力控制系统和数据采集系统等四个部分组成，以下为其相关参数：最大轴向载荷为 200 kN，最大轴向位移为 100 mm，最大渗透压力为 10 MPa，最大渗透流量为 120 L/h，破碎岩石试样压实渗流装置的直径为 100 mm、高度为 150～200 mm。

该系统具有以下特点[176]：① 采用交替供水装置，能够实现渗透水源的循环和不间断供水，可以用于研究渗透性强且孔隙结构调整周期长的破碎岩石；② 通过质量流量计与电子秤的配合，可以实现流失质量的实时采集；③ 设置多套伺服控制系统并开发相应的控制程序，实现渗透实验过程的自动化控制。除具备上述功能外，该系统还具有开放性、持续性、实时性、完备性、简便性等其他特点。

以下对该系统中主要的渗透仪和渗透压力控制系统进行介绍。图 4-5 所示为渗透仪，自上而下渗流，上透水板有均匀密布的通孔，可以将水流均匀分散，保证破碎煤岩体入口端水压均匀分布；下透水板有直径为 10 mm 的大孔，可以在进行变质量的破碎煤岩体渗流实验时保证破碎煤岩体向下运移；底座上有锥面，可以保证细小颗粒的自由流出。图 4-6 所示为渗透压力控制系统，采用包括连续供水泵、伺服电机和伺服控制器在内的交替供水装置，可以实现对破碎煤岩体长时间不间断地渗透。关键部件为连续供水泵，其额定供水压力为 10 MPa，可以交替充水和排水；最大过水流量为 100 L/h，可以保证对破碎煤岩体的供水量和压力；转速为 0.1～1 400 r/min。

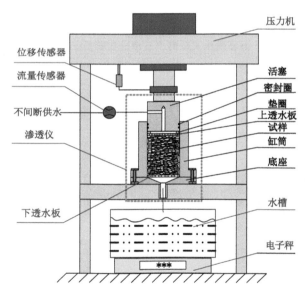

图 4-5　渗透仪

4.2.3　饱和破碎煤岩体水渗流实验方案

（1）饱和破碎岩体水渗流

由于图 4-5 所示的缸筒直径为 100 mm，因此，饱和破碎岩体进行渗流的质量为 1.0 kg（浸泡后的破碎岩体质量）。首先，分别将 1.0 kg 的 1.0～2.5 mm、2.5～5.0 mm、5.0～10.0 mm

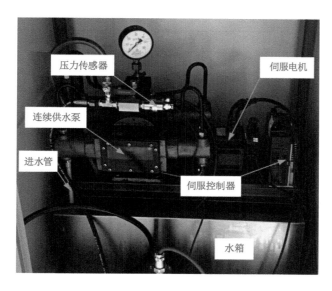

图 4-6　渗透压力控制系统

的单一粒径的粉砂岩、细砂岩和中砂岩的饱和破碎岩体搅拌均匀并进行侧限压实水渗流实验。然后,分别将 1.0 kg 的不同级配(Talbot 幂指数分别为 0.1、0.2、0.4、0.6、0.8)的粉砂岩、细砂岩和中砂岩的饱和破碎岩体搅拌均匀并进行侧限压实水渗流实验(粒度分布如表 4-1 所示)。按照设计的应力加载路径,对饱和破碎岩体进行加载和渗流,从而得出单一粒径和级配粒径的饱和破碎岩体在侧限压实过程中的水的渗透率变化规律。

表 4-1　不同初始配比下岩样粒度分布

Talbot 幂指数	质量/g		
	粒径 1.0~2.5 mm	粒径 2.5~5.0 mm	粒径 5.0~10.0 mm
0.1	370.6	303.8	325.6
0.2	343.9	305.4	350.8
0.4	292.8	304.9	402.3
0.6	245.8	299.8	454.4
0.8	203.7	290.5	505.8

（2）饱和破碎煤体水渗流

由于煤的密度小于岩体,相同体积的煤比岩体要轻得多,且煤为多孔介质,孔裂隙也更复杂,因此,设定饱和破碎煤体进行渗流的质量为 500 g。首先,分别将 500 g 的 1.0~2.5 mm、2.5~5.0 mm、5.0~10.0 mm 的单一粒径的饱和破碎煤体搅拌均匀并进行侧限压实水渗流实验。然后,分别将 500 g 的不同级配(Talbot 幂指数分别为 0.1、0.2、0.4、0.6、0.8)的饱和破碎煤体搅拌均匀并进行侧限压实水渗流实验(粒度分布如表 4-2 所示)。按照设计的应力加载路径,对饱和破碎煤体进行加载和渗流,从而得出单一粒径和级配粒径的饱和破碎煤体在侧限压实过程中的水的渗透率变化规律。

表 4-2   不同初始配比下煤样粒度分布

Talbot 幂指数	质量/g		
	粒径 1.0~2.5 mm	粒径 2.5~5.0 mm	粒径 5.0~10.0 mm
0.1	185.3	151.9	162.8
0.2	171.9	152.7	175.4
0.4	146.4	152.4	201.2
0.6	122.9	149.9	227.2
0.8	101.8	145.3	252.9

（3）饱和破碎煤岩混合体水渗流

根据 2.2.6 小节中得出的饱和破碎煤岩混合体的煤岩比及粒径比,对 Talbot 幂指数为 0.8 的饱和破碎煤岩混合体进行水渗流实验。结合循环供水式破碎岩石渗透实验系统中破碎岩石装置大小,确定饱和破碎煤岩混合体中饱和破碎煤体为 80 g,饱和破碎岩体为 800 g。具体的粒度分布如表 4-3 所示。按照设计的应力加载路径,对饱和破碎煤岩混合体进行加载和渗流,从而得出饱和破碎煤岩混合体在侧限压实过程中的水的渗透率变化规律。

表 4-3   饱和破碎煤岩混合体粒度分布

Talbot 幂指数		质量/g		
		粒径 1.0~2.5 mm	粒径 2.5~5.0 mm	粒径 5.0~10.0 mm
0.8	煤	16.3	23.2	40.5
	岩	162.9	232.4	404.7

4.2.4   弹性和裂隙煤岩体与组合岩体水渗流实验方案

（1）弹性和裂隙煤岩体水渗流

利用图 3-1 所示的 MTS815 电液伺服岩石实验系统,首先,对未加载的 $\phi 50$ mm×100 mm 弹性煤体和弹性岩体进行水渗流实验;然后,将上述弹性煤体和弹性岩体进行围压为 3.0 MPa 条件下的三轴加载,并对峰值后的裂隙煤岩样进行水渗流实验。按照设计的水压加载路径,对弹性和裂隙煤岩体进行水渗流,从而得出弹性和裂隙煤岩体的流量变化规律。

（2）组合岩体水渗流

为真实模拟现场工作面推进前方的上覆采空区及裂隙层间岩体对工作面煤体的渗透影响,采用图 4-7 所示的"破碎煤岩体-裂隙岩体-弹性煤体"的组合煤岩体进行水渗流实验。由于层间岩体边界处只受一侧围压,而随着远离工作面上方,岩体两侧围压逐渐趋于相等,因此,可以认为此时层间岩体受力为假三轴状态,可采用 MTS815 电液伺服岩石实验系统对层间岩体进行加载,在达到峰值强度后对其进行卸压,从而通过三轴抗压实验获得裂隙岩体强度特征。根据南梁煤矿现场实际情况,层间岩体主要为粉砂岩,因此针对层间岩体为粉砂岩进行组合岩体的水渗流实验。

由表 2-2 可知,上覆破碎岩体也为粉砂岩,因此,根据南梁煤矿现场实际情况,设计饱和破碎煤岩混合体压实前的高度为 10~15 mm(具体的饱和破碎煤岩样粒度分布如表 4-4 所

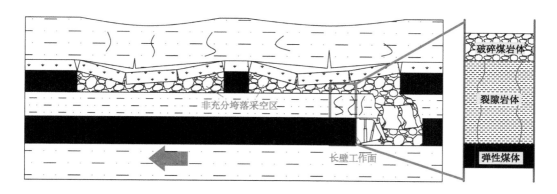

图 4-7　渗流实验简化模型

示),弹性煤体尺寸为 $\phi50$ mm×10 mm,层间岩体为裂隙粉砂岩。结合 MTS815 电液伺服岩石实验系统中样品高度范围,层间裂隙岩体的高度可分别为 70 mm 和 90 mm。按照设计的水压加载路径,对组合岩体进行水渗流,从而得出组合岩体的流量变化规律和不同层间距对组合岩体水渗流流量的影响。

表 4-4　饱和破碎煤岩混合体粒度分布

Talbot 幂指数		质量/g		
		粒径 1.0~2.5 mm	粒径 2.5~5.0 mm	粒径 5.0~10.0 mm
0.8	煤	0.4	0.6	1.0
	岩	4.1	5.8	10.1

4.2.5　水渗流应力加载路径

(1) 破碎煤岩体水渗流应力加载路径

在破碎煤岩体的水渗流实验过程中,在破碎煤岩体底部放置孔径极细的 40 目金属滤网,以避免破碎煤岩体的质量流失,即本书不考虑破碎煤岩体细小颗粒的迁移与流失行为导致的破碎煤岩体质量变化的现象。具体的破碎煤岩体侧限压实水渗流特征测试流程如图 4-8 所示。

在实验过程中,保持轴压的加载速率相同,在轴压加载稳定后进行不同水压的水渗流实验。具体的破碎煤岩体水渗流应力加载路径如图 4-9 所示。同时,为避免进行水渗流实验时破碎煤岩体吸收大量水分,对破碎煤岩体进行饱和浸泡,之后,对饱和破碎煤岩体进行水渗流实验。图 4-10 所示为得出的不同粒径破碎煤岩体的饱和含水率。由图 4-10 可知,破碎煤岩体粒径越大,吸水性越差,饱和含水率越低;相同粒径煤岩体的饱和含水率大小依次为:煤＞粉砂岩＞细砂岩＞中砂岩,煤体的吸水性强于岩体,而岩石基质的颗粒越小,吸水性越强。煤岩样经过饱和浸泡后,抗压强度变小。

(2) 弹性和裂隙煤岩体与组合岩体水渗流应力加载路径

利用 MTS815 电液伺服岩石实验系统,对弹性和裂隙煤岩体以及组合岩体进行水渗流实

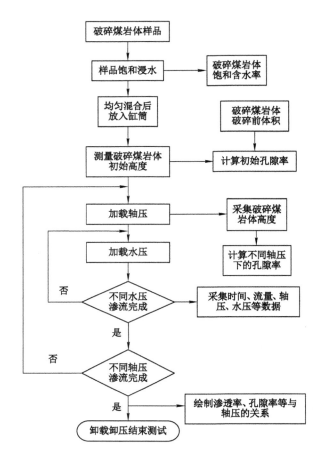

图 4-8 破碎煤岩体侧限压实水渗流特征测试流程

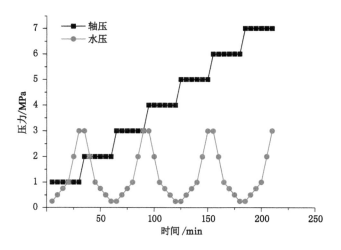

图 4-9 破碎煤岩体水渗流应力加载路径

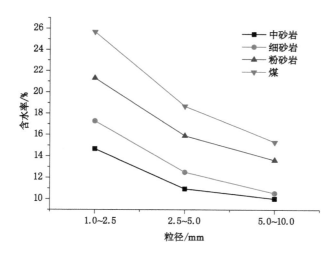

图 4-10 不同粒径破碎煤岩体饱和含水率

验,轴压和围压均保持在 3.0 MPa,水压分别设定为 0.25 MPa、0.5 MPa、0.75 MPa、1.0 MPa、2.0 MPa 和 3.0 MPa,测试该环境压力下不同水压的流量。

4.3 饱和破碎煤岩体水渗流特征实验研究

4.3.1 饱和破碎岩体水渗流特征

（1）单一粒径

由于破碎煤岩体水渗流实验采用的是饱和破碎煤岩体,且水渗流侧限压实装置远大于第 2 章中所述的破碎煤岩体侧限压实装置,为对比两者的区别,故对水渗流过程中的轴向应变变化规律和孔隙率也进行了研究。与第 2 章中破碎岩体的侧限压实按一定加载速率持续进行加载不同的是,饱和破碎岩体水渗流侧限压实为定压加载,且轴压加载范围较小。

图 4-11 所示为单一粒径饱和破碎岩体水渗流轴向应变变化规律。由图 4-11 可知,随着轴压的增加,单一粒径饱和破碎岩体轴向应变逐渐增加,且增加幅度逐渐减小;粒径越大,饱和破碎岩体侧限压实轴向应变越大。即粒径越小,饱和破碎岩体越难压实。由于破碎岩体饱和浸泡后抗压强度变小,故相比普通单一粒径破碎岩体侧限压实,单一粒径饱和破碎岩体侧限压实的轴向应变较大。

由于同样为侧限压实条件下的孔隙率,故饱和破碎煤岩体的孔隙率仍按式(2-11)计算。图 4-12 所示为单一粒径饱和破碎岩体水渗流孔隙率变化规律。由图 4-12 可知,随着轴压的增加,单一粒径饱和破碎岩体侧限压实的孔隙率逐渐降低,且降低幅度逐渐减小;粒径越大,饱和破碎岩体侧限压实的孔隙率越大。饱和破碎岩体的初始孔隙率基本为 45%～50%,略低于单一粒径普通破碎岩体,且轴压加载后,由于强度变小,孔隙率降低程度远大于普通破碎岩体,在轴压增加至 7 MPa 时,单一粒径饱和破碎岩体的孔隙率降低至 10%左右。

对图 4-12 中单一粒径饱和破碎岩体水渗流的孔隙率与轴压进行了拟合,得出单一粒径

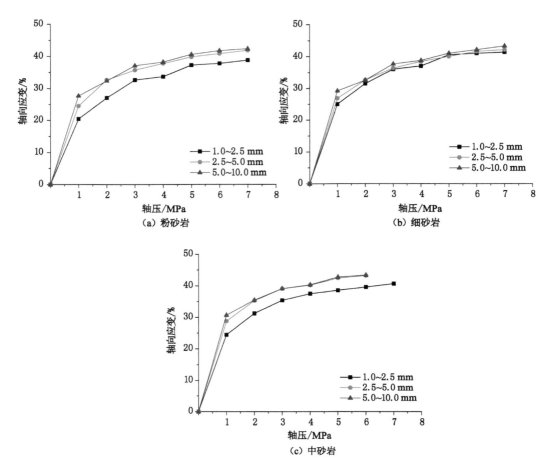

图 4-11 单一粒径饱和破碎岩体水渗流轴向应变变化曲线

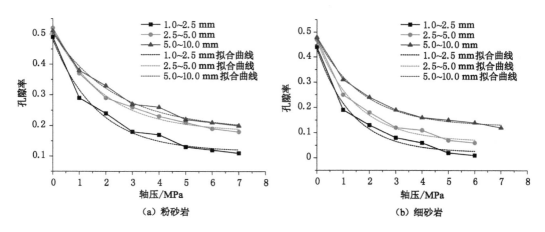

图 4-12 单一粒径饱和破碎岩体水渗流孔隙率变化曲线

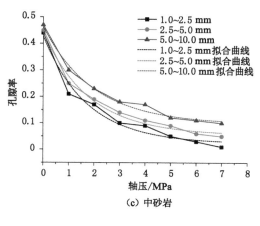

(c) 中砂岩

图 4-12(续)

饱和破碎岩体的孔隙率和轴压之间满足指数衰减函数,具体的拟合公式如式(4-15)所示,其相关的拟合参数及相关系数 R 如表 4-5 所示。

$$\varphi = m_1 + u_1 e^{\frac{-\sigma_a}{v_1}}$$ (4-15)

式中,σ_a 为饱和破碎煤岩体轴压;m_1、u_1 和 v_1 为拟合参数。

表 4-5 单一粒径饱和破碎岩体孔隙率-轴压拟合曲线参数及相关系数

岩性	粒径/mm	拟合参数			R^2
		m_1	u_1	v_1	
粉砂岩	1.0~2.5	0.115 21	0.366 15	1.677 07	0.980 01
	2.5~5.0	0.180 43	0.335 28	1.897 93	0.992 96
	5.0~10.0	0.187 60	0.317 22	2.327 96	0.989 47
细砂岩	1.0~2.5	0.021 69	0.411 09	1.341 70	0.978 31
	2.5~5.0	0.064 31	0.400 36	1.485 46	0.987 28
	5.0~10.0	0.125 50	0.350 81	1.713 50	0.995 09
中砂岩	1.0~2.5	0.023 91	0.402 87	1.729 99	0.965 80
	2.5~5.0	0.055 68	0.384 64	1.808 07	0.982 60
	5.0~10.0	0.097 56	0.365 44	1.961 52	0.985 96

图 4-13 所示为单一粒径饱和破碎岩体水渗流渗透率变化规律。由于破碎煤岩体水渗流实验在常温下进行,故采用 20 ℃条件下的水渗透动力黏度 1.005×10^{-3} Pa·s 计算渗透率。由图 4-13 可知,随着轴压的加载,单一粒径饱和破碎岩体水的渗透率逐渐降低,且降低幅度逐渐减小,在轴压增加到一定数值后,几乎不再渗透水;粒径越大,饱和破碎岩体间孔隙越大,水的渗透率越大。轴压较低时,单一粒径饱和破碎岩体的水的渗透率量级为 10^2 mD。

对图 4-13 中单一粒径饱和破碎岩体的水的渗透率与轴压进行了拟合,得出单一粒径饱和破碎岩体的水的渗透率和轴压之间满足玻尔兹曼函数,具体的拟合公式如式(4-16)所示,其相关的拟合参数及相关系数 R 如表 4-6 所示。

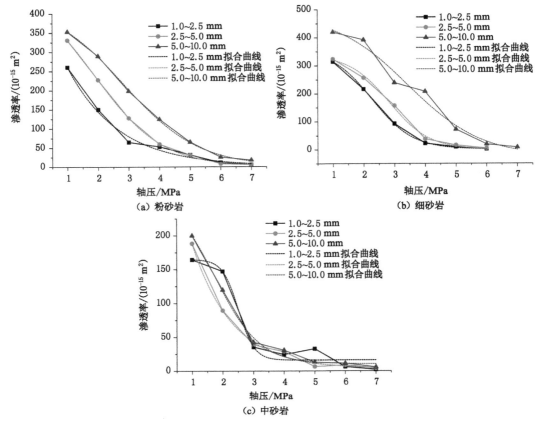

图 4-13　单一粒径饱和破碎岩体水渗流渗透率变化曲线

$$k_{\mathrm{w}} = \frac{u_2 - v_2}{1 + \mathrm{e}^{(\sigma_{\mathrm{a}} - m_2)/n_2}} + v_2 \qquad (4\text{-}16)$$

式中，σ_{a} 为饱和破碎煤岩体轴压；u_2、v_2、m_2 和 n_2 均为拟合参数。

表 4-6　单一粒径饱和破碎岩体水的渗透率-轴压拟合曲线参数及相关系数

岩性	粒径/mm	拟合参数				R^2
		u_2	v_2	m_2	n_2	
粉砂岩	1.0~2.5	53 953.900 42	1.029 81	−7.882 50	1.666 67	0.984 32
	2.5~5.0	478.836 59	0.392 92	1.887 07	1.099 09	0.999 27
	5.0~10.0	432.124 83	0.569 11	2.841 64	1.225 51	0.998 68
细砂岩	1.0~2.5	359.389 76	1.554 20	2.273 21	0.658 74	0.999 39
	2.5~5.0	338.955 41	0.609 46	2.828 16	0.649 68	0.991 98
	5.0~10.0	486.013 25	−25.566 04	3.446 76	1.200 71	0.957 78
中砂岩	1.0~2.5	164.972 57	16.090 25	2.513 41	0.259 36	0.952 98
	2.5~5.0	48 767.033 04	2.648 04	−6.255 57	1.303 29	0.992 73
	5.0~10.0	267.786 90	10.176 89	1.754 62	0.726 07	0.989 49

（2）级配粒径

图 4-14 所示为级配粒径饱和破碎岩体水渗流轴向应变变化规律。由图 4-14 可知,随着轴压的增加,级配粒径饱和破碎岩体的轴向应变逐渐增加,且增加幅度逐渐减小;级配指数的增加,对饱和破碎岩体的轴向应变的影响未呈现一定的规律。相比普通的级配粒径破碎岩体,由于岩石的水饱和浸泡,级配粒径饱和破碎岩体的侧限压实轴向应变较大。

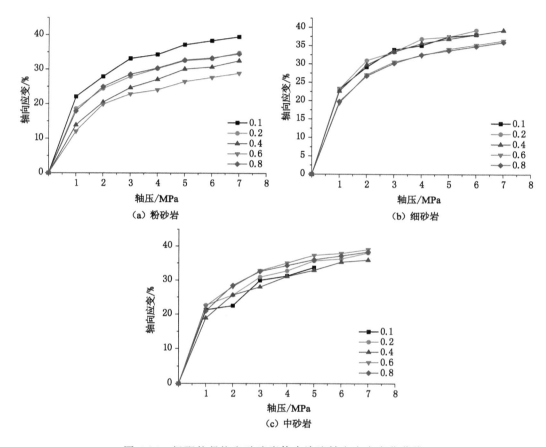

图 4-14　级配粒径饱和破碎岩体水渗流轴向应变变化曲线

图 4-15 所示为级配粒径饱和破碎岩体水渗流孔隙率变化规律。由图 4-15 可知,随着轴压的增加,级配粒径饱和破碎岩体的孔隙率逐渐降低,且降低幅度逐渐减小;级配指数的增加,对饱和破碎岩体的孔隙率的影响未呈现一定的规律。相比普通的级配粒径破碎岩体,由于岩石的水饱和浸泡,级配粒径饱和破碎岩体的侧限压实孔隙率较大。级配粒径饱和破碎岩体的初始孔隙率为 $40\% \sim 45\%$,略小于级配粒径普通破碎岩体;轴压加载后,由于饱和破碎岩体强度变弱,孔隙率降低程度大于普通破碎岩体,在轴压增加至 7 MPa 时,级配粒径饱和破碎岩体的孔隙率降低至 10% 左右。利用式（4-15）所示的指数衰减函数对级配粒径饱和破碎岩体水渗流孔隙率和轴压进行拟合,得出的拟合参数及相关系数如表 4-7 所示。

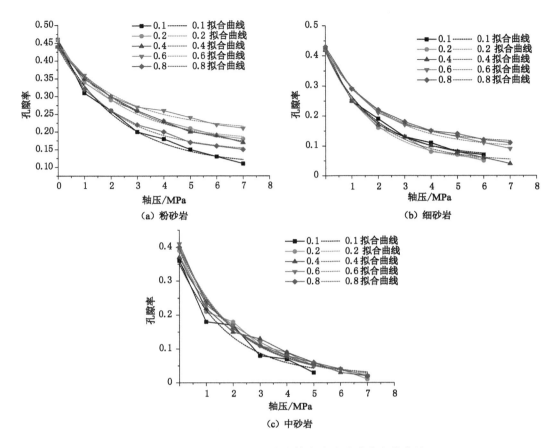

图 4-15　级配粒径饱和破碎岩体水渗流孔隙率变化曲线

表 4-7　级配粒径饱和破碎岩体孔隙率-轴压拟合曲线参数及相关系数

岩性	Talbot 幂指数	拟合参数			R^2
		m_1	u_1	v_1	
粉砂岩	0.1	0.103 36	0.348 15	2.356 91	0.986 72
	0.2	0.172 90	0.280 25	2.328 39	0.988 35
	0.4	0.139 94	0.296 50	3.232 30	0.996 85
	0.6	0.202 07	0.236 31	2.477 91	0.991 03
	0.8	0.141 97	0.294 19	2.200 30	0.995 31
细砂岩	0.1	0.062 25	0.353 08	1.809 62	0.991 77
	0.2	0.044 51	0.372 64	1.775 17	0.993 65
	0.4	0.045 63	0.368 60	1.892 65	0.991 49
	0.6	0.090 61	0.326 40	2.109 51	0.993 16
	0.8	0.108 75	0.318 11	1.914 90	0.996 42

表 4-7(续)

岩性	Talbot 幂指数	拟合参数			R^2
		m_1	u_1	v_1	
中砂岩	0.1	0.019 60	0.331 06	1.891 25	0.932 42
	0.2	0.008 94	0.367 48	2.294 83	0.968 74
	0.4	0.011 28	0.348 34	2.378 70	0.978 48
	0.6	0.017 22	0.383 78	2.074 76	0.987 90
	0.8	0.019 47	0.375 89	2.050 62	0.995 17

图 4-16 所示为级配粒径饱和破碎岩体水渗流渗透率变化规律。由图 4-16 可知,随着轴压的加载,级配粒径饱和破碎岩体水的渗透率逐渐降低,且降低幅度逐渐减小,在轴压增加到一定数值后,几乎不再渗水。轴压较低时,级配粒径饱和破碎岩体的水的渗透率量级为 10^2 mD。级配指数越大,饱和破碎岩体的水的渗透率越大,即大粒径饱和破碎岩体占比越多,水的渗透率越大。利用式(4-16)所示的玻尔兹曼函数对级配粒径饱和破碎岩体水的渗透率和轴压进行拟合,得出其相应的拟合参数及相关系数,如表 4-8 所示。

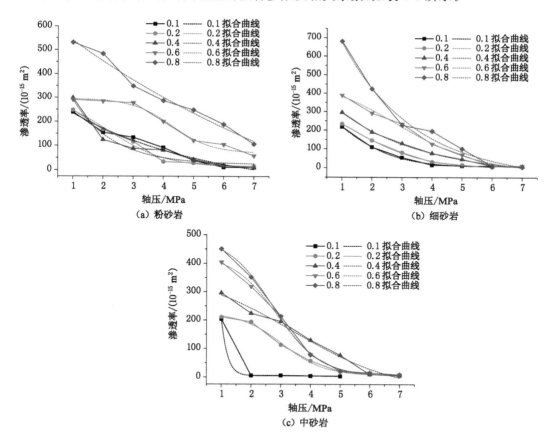

图 4-16 级配粒径饱和破碎岩体水渗流渗透率变化曲线

表 4-8　级配粒径饱和破碎岩体水的渗透率-轴压拟合曲线参数及相关系数

岩性	Talbot 幂指数	拟合参数				R^2
		u_2	v_2	m_2	n_2	
粉砂岩	0.1	9 731.497 93	−75.912 38	−13.610 48	4.271 90	0.959 45
	0.2	311.651 16	12.545 86	2.176 48	0.937 75	0.974 99
	0.4	1.076 86×10⁶	23.116 10	−9.838 57	1.306 79	0.930 67
	0.6	295.890 95	69.166 70	4.275 77	0.665 07	0.970 85
	0.8	29 611.553 93	−480.428 60	−35.729 69	10.963 71	0.966 45
细砂岩	0.1	485.501 15	4.748 20	0.782 30	0.964 56	0.994 63
	0.2	391.945 00	−2.255 61	1.444 67	1.125 11	0.997 91
	0.4	37 783.152 81	−35.006 84	−12.032 87	2.752 51	0.995 22
	0.6	492.386 45	−23.082 51	2.818 54	1.391 46	0.986 66
	0.8	528 808.033 32	−56.109 98	−14.870 51	2.410 83	0.977 82
中砂岩	0.1	1 150.074 70	4.463 73	0.710 44	0.185 68	0.999 63
	0.2	226.238 86	6.514 21	3.051 00	0.705 82	0.992 84
	0.4	379.933 58	−54.317 38	3.377 93	1.810 15	0.973 84
	0.6	432.739 29	3.929 16	2.878 39	0.761 10	0.994 89
	0.8	493.001 60	4.851 04	2.728 08	0.758 05	0.998 23

4.3.2　饱和破碎煤体水渗流特征

（1）单一粒径

图 4-17 所示为单一粒径饱和破碎煤体水渗流特征。由图 4-17 可知，随着轴压的增加，单一粒径饱和破碎煤体轴向应变逐渐增加，且增加幅度逐渐减小；孔隙率逐渐降低，且降低幅度逐渐减小；渗透率逐渐降低，且降低幅度逐渐减小。粒径越大，饱和破碎煤体侧限压实的轴向应变越大，孔隙率越大，渗透率越大，这说明粒径越大，饱和破碎煤体越容易被压实。单一粒径饱和破碎煤体的初始孔隙率为 $45\%\sim50\%$，压实后，孔隙率降低至 15% 左右。相比单一粒径普通破碎煤体，由于水饱和浸泡后煤体强度变弱，单一粒径饱和破碎煤体侧限压实后的轴向应变较大，孔隙率较小。相比单一粒径饱和破碎岩体，单一粒径饱和破碎煤体的渗透率在轴压增加至 7 MPa 时仍较大，水的渗透率量级仍为 10^2 mD。

分别利用式（4-15）所示的指数衰减函数和式（4-16）所示的玻尔兹曼函数对单一粒径饱和破碎煤体水渗流的孔隙率和轴压、水的渗透率和轴压关系进行拟合，得出其相应的拟合参数及相关系数，分别如表 4-9 和表 4-10 所示。

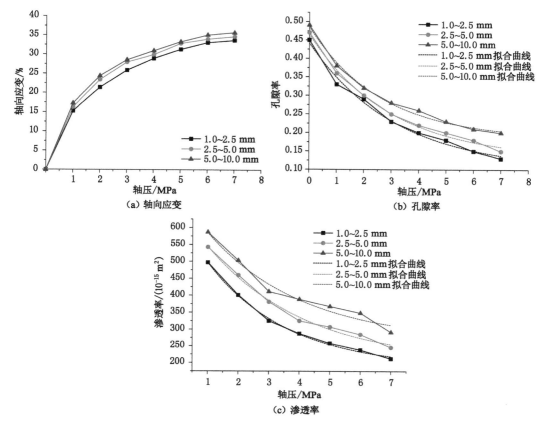

图 4-17　单一粒径饱和破碎煤体水渗流特征

表 4-9　单一粒径饱和破碎煤体孔隙率-轴压拟合曲线参数及相关系数

岩性	粒径/mm	拟合参数			R^2
		m_1	u_1	v_1	
煤	1.0～2.5	0.101 03	0.340 97	3.137 46	0.988 25
	2.5～5.0	0.131 14	0.334 15	2.932 59	0.993 80
	5.0～10.0	0.184 79	0.300 63	2.572 09	0.994 12

表 4-10　单一粒径饱和破碎煤体水的渗透率-轴压拟合曲线参数及相关系数

岩性	粒径/mm	拟合参数				R^2
		u_2	v_2	m_2	n_2	
煤	1.0～2.5	103 156.881 21	185.957 94	−14.342 59	2.645 06	0.995 61
	2.5～5.0	24 851.256 98	203.445 74	−12.437 46	3.150 12	0.986 36
	5.0～10.0	228 439.891 50	268.581 49	−18.979 91	3.037 45	0.950 74

（2）级配粒径

图 4-18 所示为级配粒径饱和破碎煤体水渗流特征。由图 4-18 可知,随着轴压的增加,级配粒径饱和破碎煤体轴向应变逐渐增加,且增加幅度逐渐减小;孔隙率逐渐降低,且降低幅度逐渐减小;渗透率逐渐降低,且降低幅度逐渐减小。级配指数越大,大粒径饱和破碎煤体越多,因此,侧限压实的轴向应变越大,孔隙率越大,渗透率越大。级配粒径饱和破碎煤体的初始孔隙率为 40%～45%,压实后,孔隙率降低至 10% 左右。相比级配粒径普通破碎煤体,由于水饱和浸泡后煤体强度变弱,级配粒径饱和破碎煤体侧限压实后的轴向应变较大,孔隙率较小。相比单一粒径饱和破碎煤体,不同粒径组成的饱和破碎煤体在相同轴压条件下的孔隙率较小,水的渗透率较小。相比级配粒径饱和破碎岩体,级配粒径饱和破碎煤体的渗透率在轴压增加至 7 MPa 时仍较大,水的渗透率量级仍为 10^2 mD。分别利用式(4-15)所示的指数衰减函数和式(4-16)所示的玻尔兹曼函数对级配粒径饱和破碎煤体水渗流的孔隙率和轴压、水的渗透率和轴压关系进行了拟合,得出其相应的拟合参数及相关系数,分别如表 4-11 和表 4-12 所示。

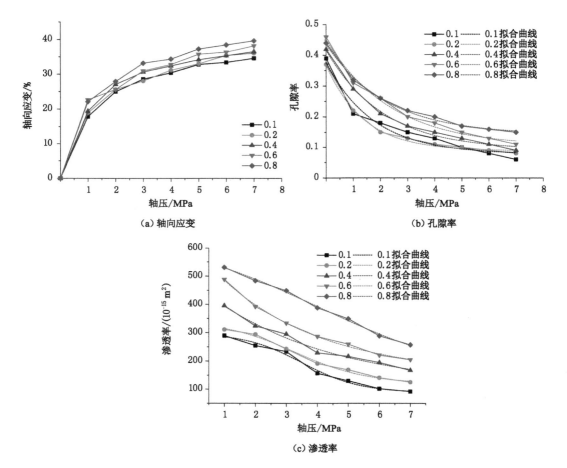

（a）轴向应变   （b）孔隙率

（c）渗透率

图 4-18　级配粒径饱和破碎煤体水渗流特征

表 4-11　级配粒径饱和破碎煤体孔隙率-轴压拟合曲线参数及相关系数

岩性	Talbot 幂指数	拟合参数			R^2
		m_1	u_1	v_1	
煤	0.1	0.076 95	0.299 68	1.761 16	0.945 31
	0.2	0.088 17	0.279 86	1.393 22	0.993 80
	0.4	0.090 61	0.326 40	2.109 51	0.993 16
	0.6	0.103 36	0.348 15	2.356 91	0.986 72
	0.8	0.141 97	0.294 19	2.200 30	0.995 31

表 4-12　级配粒径饱和破碎煤体水的渗透率-轴压拟合曲线参数及相关系数

岩性	Talbot 幂指数	拟合参数				拟合度 R^2
		u_2	v_2	m_2	n_2	
煤	0.1	298.851 05	88.069 21	3.521 99	0.931 29	0.979 43
	0.2	341.094 18	119.388 73	3.309 91	1.161 16	0.988 90
	0.4	30 515.670 90	105.152 71	−17.760 62	4.036 71	0.975 67
	0.6	114 134.108 96	152.846 83	−18.080 00	3.270 80	0.995 60
	0.8	639.587 21	140.322 65	4.052 48	2.433 17	0.993 94

4.3.3　饱和破碎煤岩混合体水渗流特征

图 4-19 所示为饱和破碎煤岩混合体水渗流特征。由图 4-19 可知,随着轴压的增加,饱和破碎煤岩混合体的轴向应变逐渐增加,且增加幅度逐渐减小;渗透率逐渐降低,且降低幅度逐渐减小。相比级配粒径饱和破碎岩体和级配粒径饱和破碎煤体,饱和破碎煤岩混合体的渗透率在轴压增加至 7 MPa 时大小适中,水的渗透率量级为 10^1 mD。利用式(4-16)所示的玻尔兹曼函数对饱和破碎煤岩混合体的水的渗透率和轴压关系进行拟合,得出其相应的拟合参数及相关系数,如表 4-13 所示。

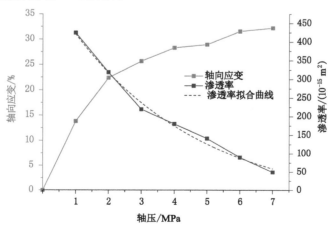

图 4-19　饱和破碎煤岩混合体水渗流特征

表 4-13　饱和破碎煤岩混合体水的渗透率-轴压拟合曲线参数及相关系数

岩性	拟合参数				R^2
	u_2	v_2	m_2	n_2	
饱和破碎煤岩混合体	156 995.733 65	−42.219 05	−21.879 19	3.929 39	0.986 92

通过以上饱和破碎煤岩体水渗流实验和数据拟合,可以得出饱和破碎煤岩体中孔隙率和轴压、水的渗透率和轴压关系均满足式(4-15)所示的指数衰减函数和式(4-16)所示的玻尔兹曼函数。联立式(4-15)和式(4-16),得出如式(4-17)所示的公式,该公式即饱和破碎煤岩体的应力-孔隙-水渗流的耦合模型。进行不同粒径或不同级配的饱和破碎煤岩体的水渗流数值模拟时,可分别从上述表4-5至表4-13中查找相应的拟合参数。

$$\begin{cases} \varphi = m_1 + u_1 \, \mathrm{e}^{\frac{-\sigma_a}{v_1}} \\ k_{\mathrm{w}} = \dfrac{u_2 - v_2}{1 + \mathrm{e}^{(\sigma_a - m_2)/n_2}} + v_2 \end{cases} \tag{4-17}$$

4.4　弹性和裂隙煤岩体以及组合岩体水渗流特征实验研究

由于只进行了单一轴压和围压条件下的水渗流实验,无法得出水的渗透率变化曲线,因此,本节只对弹性和裂隙煤岩体以及组合岩体的水渗流流量变化规律进行研究。本节中用于进行弹性和裂隙煤岩体以及组合岩体水渗流的煤岩样均为饱和含水煤岩样。

4.4.1　弹性和裂隙煤岩体水渗流特征

图 4-20 所示为弹性和裂隙煤岩体水渗流流量变化规律。由于对弹性岩体进行水渗流实验几乎测不到流量,因此在图 4-20 中未体现弹性岩体数据。由图 4-20 可知,相同轴压和围压、相同水压条件下,裂隙煤体的流量最大,弹性煤体和裂隙岩体的流量在水压较小时相差不大,当水压较大时,弹性煤体的水流量明显大于裂隙岩体,其原因可能是煤体为多孔介质,其透水性强于岩体。弹性和裂隙煤岩体水渗流的流量大小依次为:裂隙煤体>弹性煤体>裂隙岩体>弹性岩体。即相同环境条件下,水的渗透率大小依次为:裂隙煤体>弹性煤体>裂隙岩体>弹性岩体。

4.4.2　组合岩体水渗流特征

图 4-21 所示为不同层间岩体高度的组合岩体水渗流流量变化规律。组合岩体中的层间岩体由 3.1 节中的三轴抗压实验获得,达到峰值强度后对煤岩体卸压,但由于岩石受力加载后裂隙的发育不受人为控制,具有较强的非均质性,且可能受岩石中细小节理的影响而发生偏移。由图 4-21 可知,由于 90 mm 高度层间岩体的裂隙相比 70 mm 高度层间岩体较为发育,裂隙开度较大,层间岩体高度为 70 mm 的组合岩体的渗透率远小于层间岩体高度为 90 mm 的组合岩体。由图 4-19 可知,破碎煤岩混合体在该应力状态下的水的渗透率较大,而组合岩体的渗透率较小,因此,可以认为破碎煤岩体渗透率对组合岩体渗透率的影响几乎可以忽略不计;组合岩体的渗透率主要受层间岩体的裂隙发育程

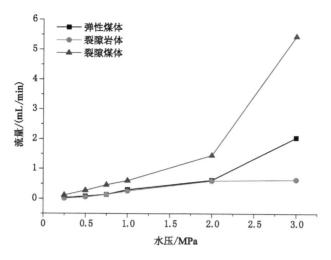

图 4-20 弹性和裂隙煤岩体水渗流流量变化曲线

度的影响,层间岩体的裂隙发育程度较弱时水的渗透率较小,而裂隙发育程度较强时水的渗透率较大。

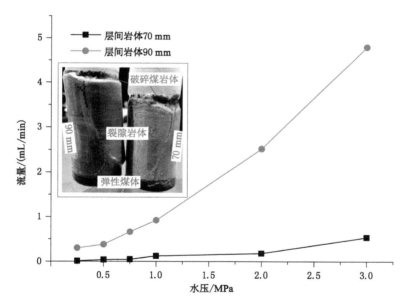

图 4-21 不同层间岩体高度的组合岩体水渗流流量变化曲线

5 破碎煤岩体和裂隙岩体
瓦斯渗流特征的实验研究

非充分垮落采空区下重复采动后,非充分垮落采空区上覆岩体和下组煤层工作面前方层间岩体的裂隙增加,且多为剪切裂隙,这使得地面的新鲜空气很容易通过非充分垮落采空区上覆岩体的裂隙流动至采空区,促使采空区中遗留煤体发生自燃,而自燃产生的有毒有害气体则容易通过层间岩体的裂隙流动至工作面,从而影响工作面的安全高效开采和生产技术人员的安全。由于水和气体的性质不同,两者在采空区破碎煤岩体和层间裂隙岩体中的流动规律可能不尽相同。因此,研究破碎煤岩体和裂隙岩体的瓦斯渗流特征同样很有必要,可以为研究非充分垮落采空区下重复采动前后的瓦斯渗流特征和防治漏风提供理论和数据的支撑。

本章以破碎煤岩体和裂隙岩体为研究对象,采用理论研究和实验室实验研究相结合的方法,研究破碎煤岩体和裂隙岩体的瓦斯渗流特征,与破碎煤岩体和裂隙岩体的水渗流特征进行对比,构建破碎煤岩体应力-孔隙-瓦斯渗流耦合模型,为进行非充分垮落采空区下重复采动瓦斯渗流特征和防治漏风的研究奠定理论基础。

5.1 煤岩体瓦斯渗流特征理论研究

煤岩体对水拥有较好的吸收能力,而即使是破碎状态下的煤岩体对瓦斯气体的吸附能力也较弱(只有部分岩石如页岩和煤等对瓦斯气体的吸附能力较强,而吸附量远小于吸收量),因此,研究破碎煤岩体的瓦斯渗流特征不需要使破碎煤岩体在瓦斯气体中吸附至饱和状态。

5.1.1 弹性煤岩体瓦斯渗流特征理论

由4.1.1小节中的分析得出,瓦斯在弹性煤岩体中的渗流符合线性渗透定律,即达西定律[式(4-2)]。气体的性质随压力和温度的改变而改变,且相互之间符合气体的状态方程,其中,理想气体的状态方程为:

$$p_g V_g = \frac{m_g}{M} RT \qquad (5-1)$$

式中,M 为气体的摩尔质量;R 为摩尔气体常数,$R = 8\,314\ \text{J}/(\text{kmol} \cdot \text{K})$;$p_g$ 为气体压力;V_g 为气体体积;m_g 为气体的质量。

瓦斯渗流的气体流量计一般布置在煤岩体出口端后方,故设 q_g 为 $\frac{p_{g1} + p_{g2}}{2}$ 时的流量,q_{g2} 为出口端流量,煤岩体进口端和出口端的截面积相同,则由气体状态方程可得出:

$$\frac{p_{g1} + p_{g2}}{2} q_g = p_{g2} q_{g2} \tag{5-2}$$

由式(5-2)可得：

$$q_g = \frac{2 p_{g2} q_{g2}}{p_{g1} + p_{g2}} \tag{5-3}$$

其中，$q_g = A v_g$，A 为煤岩体断面积。

将式(5-3)代入达西定律[式(4-2)]，可得出弹性煤岩体中瓦斯渗透率的计算公式：

$$k_g = \frac{2 q_{g2} p_0 \mu_g h}{A(p_{g1}^2 - p_{g2}^2)} \tag{5-4}$$

式中，k_g 为煤岩样的瓦斯渗透率，mD；μ_g 为气体的动力黏度，Pa·s；h 为煤岩样高度，cm；A 为煤岩样断面积，cm²；p_{g1}，p_{g2} 分别为煤岩样进口端、出口端气体压力，MPa；q_{g2} 为出口端气体流量，cm³/s；p_0 为大气压，MPa(取 0.101 325 MPa)。

5.1.2 裂隙和破碎煤岩体瓦斯渗流特征理论

由 4.1.2 小节中的分析得出，裂隙和破碎煤岩体的瓦斯渗流不满足达西定律，为非线性渗流。

在等温条件下，由式(5-1)可得出气体的密度与压力成正比，两者之间满足以下关系：

$$\rho_g = \frac{m_g}{V_g} = \frac{M}{RT} p_g \tag{5-5}$$

式中，ρ_g 为气体密度。

真实气体具有可压缩性，因此，对于真实气体，还需要引进压缩因子 Z，则由式(5-5)可得出真实气体的状态方程：

$$\rho_g = \frac{M}{ZRT} p_g \tag{5-6}$$

式中，Z 是压力和温度的函数，其中，对于等温渗流有 $Z = Z(p)$。

假设常温和大气压 p_0 作用下的气体密度为 ρ_0，当气压 p_g 较小时，若不考虑偏差效应，则有[177]：

$$\rho_g = \frac{p_g}{p_0} \rho_0 \tag{5-7}$$

根据非达西渗流理论，可得出瓦斯气体非线性渗流的连续性方程、运动方程(不考虑重力项)及多孔介质孔隙压缩状态方程[177-178]：

$$\frac{\partial(\rho_g \varphi_g)}{\partial t} + \frac{\partial(\rho_g v_g)}{\partial x} = 0 \tag{5-8}$$

$$\rho_g c_{ga} \frac{\partial v_g}{\partial t} = -\frac{\partial \rho_g}{\partial x} - \frac{\mu_g}{k_g} v_g - b_d v_g^2 \tag{5-9}$$

$$\varphi_g = \varphi_{g0} e^{c_{ga}(p_g - p_0)} \tag{5-10}$$

式中，b_d 为达西流偏离因子。

将式(5-7)和式(5-10)代入式(5-8)，整理可得：

$$\frac{\partial p_g}{\partial t} = -\frac{1}{\varphi_0 e^{c_{ga}(p_g - p_0)}(1 + p_g c_{ga})} \frac{\partial(p_g v_g)}{\partial x} \tag{5-11}$$

再将式(5-7)代入式(5-9)，可以得到：

$$\frac{\partial v_g}{\partial t} = -\frac{p_0}{p_g \rho_0 c_a} \left(\frac{\partial p_g}{\partial x} + \frac{\mu_g}{k_g} v_g + b_d v_g^2 \right) \tag{5-12}$$

将式(5-11)和式(5-12)联立，可得到：

$$\begin{cases} \dfrac{\partial p_g}{\partial t} = -\dfrac{1}{\varphi_0 \mathrm{e}^{c_{ga}(p_g - p_0)}(1 + p_g c_{ga})} \dfrac{\partial(p_g v_g)}{\partial x} \\[4mm] \dfrac{\partial v_g}{\partial t} = -\dfrac{p_0}{p_g \rho_0 c_a} \left(\dfrac{\partial p_g}{\partial x} + \dfrac{\mu_g}{k_g} v_g + b_d v_g^2 \right) \end{cases} \tag{5-13}$$

式(5-13)即裂隙和破碎煤岩体中瓦斯气体渗流的动力学方程组。

对于裂隙和破碎煤岩体的一维单向非达西稳态气体渗流，$\dfrac{\partial v_g}{\partial t} = 0$，则式(5-12)可表示为：

$$\frac{\mathrm{d}p_g}{\mathrm{d}x} = -\frac{\mu_g}{k_g} v_g - b_d v_g^2 \tag{5-14}$$

其中，由于出口端为大气压，故气体压力梯度为：

$$\frac{\mathrm{d}p_g}{\mathrm{d}x} = \frac{p_{g2} - p_{g1}}{h} \tag{5-15}$$

联立式(5-14)和式(5-15)可以得到：

$$\frac{p_{g1} - p_{g2}}{h} = \frac{\mu_g}{k_g} v_g + \beta \rho_g v_g^2 \tag{5-16}$$

式中，v_g 为瓦斯的渗流速度；μ_g 为瓦斯的动力黏度；ρ_g 为瓦斯的质量密度；k_g 为裂隙和破碎煤岩体的瓦斯渗透率；β 为非达西流因子；c_a 为瓦斯的加速度系数；p_{g2} 为出口端瓦斯压力；p_{g1} 为进口段瓦斯压力；h 为裂隙和破碎煤岩体试样高度。

将式(5-16)代入式(5-3)，其中，$q_g = A v_g$，A 为裂隙煤岩体断面积或破碎煤岩体压实装置的截面积，可以得到裂隙和破碎煤岩体的气体渗透率 k_g：

$$k_g = \frac{1}{\dfrac{(p_{g1}^2 - p_{g2}^2)A}{2\mu_g h p_{g2} q_{g2}} - \dfrac{2\beta \rho_g p_{g2} q_{g2}}{A\mu_g(p_{g1} + p_{g2})}} \tag{5-17}$$

对于非达西渗流，需要对两个以上不同气压下的流量进行联立计算，才能得到该轴压下(或该孔隙率下)的渗透率与非达西流因子 β。因此，假定裂隙和破碎煤岩体入口端气压分别为 p_1、p_2，而出口端气压均为 p_0(大气压)，出口端流量分别为 q_1、q_2，则可以分别得到气压为 p_1、p_0 和 p_2、p_0 下的气体渗透率：

$$k_1 = \frac{1}{\dfrac{(p_1^2 - p_0^2)A}{2\mu_g h p_0 q_1} - \dfrac{2\beta \rho_g p_0 q_1}{A\mu_g(p_1 + p_0)}} \tag{5-18}$$

$$k_2 = \frac{1}{\dfrac{(p_2^2 - p_0^2)A}{2\mu_g h p_0 q_2} - \dfrac{2\beta \rho_g p_0 q_2}{A\mu_g(p_2 + p_0)}} \tag{5-19}$$

联立式(5-18)和式(5-19)，可以得到非达西流因子 β：

$$\beta = \frac{\dfrac{A}{4\rho_g p_0 h} \left[\dfrac{(p_1^2 - p_0^2)}{q_1} - \dfrac{(p_2^2 - p_0^2)}{q_2} \right]}{\dfrac{p_0 q_1(p_2 + p_0) - p_0 q_2(p_1 + p_0)}{A(p_1 + p_0)(p_2 + p_0)}} \tag{5-20}$$

得出 β 后,分别代入式(5-18)和式(5-19)即可得到对应的瓦斯气体渗透率。

5.1.3　三轴压缩破碎煤岩体孔隙率

由于采用的破碎煤岩体瓦斯渗流实验为围压相同条件下的三轴压缩瓦斯渗流,故此处需要重新推理得出三轴压缩破碎煤岩体的孔隙率计算公式。

假三轴压实破碎煤岩体轴向应变为:

$$\varepsilon_t = \frac{\Delta h_t}{h_t} \tag{5-21}$$

假三轴压实破碎煤岩体的初始孔隙率为[179-183]:

$$\varphi_{g0} = \frac{V_0{}' - V_0}{V_0{}'} = 1 - \frac{m}{\rho A_{b0} h_t} = 1 - \frac{4m}{\pi \rho d_r^2 h_t} \tag{5-22}$$

本实验在对破碎煤岩体进行加载时,始终保持轴压和围压的同步加载,可认为在假三轴压实时,破碎煤岩体的环向应变等于轴向应变,因此,破碎煤岩体在压实过程中的直径为:

$$d = d_r(1 - \varepsilon_y) = d_r\left(1 - \frac{\Delta h_t}{h_t}\right) \tag{5-23}$$

因此,破碎煤岩体假三轴压实过程中,不同应力状态下的孔隙率为:

$$\varphi_g = 1 - \frac{m}{\rho A_b h} = 1 - \frac{4m h_t^2}{\pi \rho d_r^2 (h_t - \Delta h_t)^3} \tag{5-24}$$

式中,m 为破碎煤岩体质量,g;ρ 为破碎煤岩体密度,g/cm³;ε_t 为破碎煤岩体三轴压缩的轴向应变;h_t 为破碎煤岩体初始高度,cm;Δh_t 为破碎煤岩体压缩高度,cm;d_r 为胶套直径,cm;A_{b0} 为破碎煤岩体初始截面积,cm²;A_b 为破碎煤岩体截面积,cm²;$V_0{}'$ 为破碎煤岩体初始体积,cm³;V_0 为破碎前煤岩样体积,cm³;φ_{g0} 为破碎煤岩体假三轴压实初始孔隙率;φ_g 为破碎煤岩体假三轴压实孔隙率。

5.2　煤岩体瓦斯渗流特征实验方案

5.2.1　瓦斯渗流实验仪器简介

本研究采用受载煤体注气驱替瓦斯测试系统(图 5-1 和图 5-2 分别为该系统的原理图和实物图)对弹性和裂隙煤岩体、破碎煤岩体和组合岩体进行室温条件下的瓦斯气体渗流实验。该系统拥有三个气体流量计,可根据实验的需要实现流量计之间的自由切换,其量程分别为 100 mL/min、2 000 mL/min 和 15 000 mL/min。对于弹性和裂隙煤岩体,一般选用前两个流量计,而破碎煤岩体由于渗透性较大而一般选用后两个流量计。如图 5-1 所示,煤岩体处于胶套之中,由于胶套的强度有限,不对其进行围压加载可能会导致胶套破裂,因此,煤岩体的瓦斯渗流实验均在三轴压缩的基础上进行。

另外,为防止细小的破碎煤岩体颗粒堵塞仪器管路,在对破碎煤岩体和组合岩体进行渗流实验时,破碎煤岩体上下端均放置孔径极细的 40 目金属滤网。出于安全因素考虑,本书中的瓦斯气体渗流实验一律采用纯度为 99.9% 的氮气进行。在渗流的过程中,保持轴压等于围压(即轴压和围压同步增减),使样品处于静水压力状态。在裂隙煤岩体、破碎煤岩

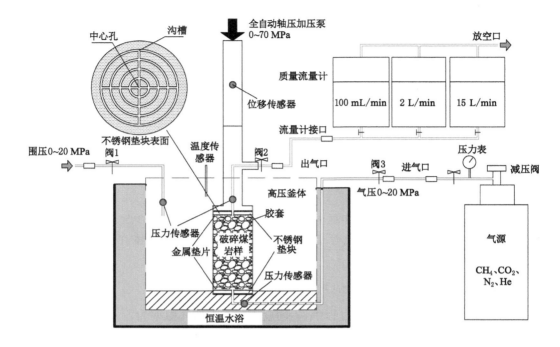

图 5-1 受载煤体注气驱替瓦斯测试系统原理图

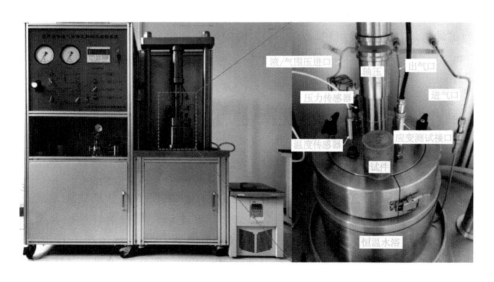

图 5-2 受载煤体注气驱替瓦斯测试系统实物图

体和组合岩体的瓦斯渗流实验过程中,由于增加轴压和围压后,煤岩体被压实,孔隙率发生变化,因此,采用稳定轴压和围压、改变瓦斯压力的方法,测定弹性和裂隙煤岩体、破碎煤岩体和组合岩体的瓦斯渗透率,并在每次改变瓦斯气体压力后稳定 2～3 min 再记录实验数据。

5.2.2　破碎煤岩体瓦斯渗流实验方案

（1）破碎岩体瓦斯渗流

根据仪器中胶套的大小,破碎岩体质量均设定为 250 g。首先,分别将 1.0~2.5 mm、2.5~5.0 mm 和 5.0~10.0 mm 的粉砂岩、细砂岩和中砂岩的单一粒径破碎岩体搅拌均匀并进行瓦斯渗流实验;然后,分别将不同级配条件下(Talbot 幂指数分别为 0.1、0.2、0.4、0.6 和 0.8)的粉砂岩、细砂岩和中砂岩的破碎岩体搅拌均匀并进行瓦斯渗流实验。不同级配指数条件下的破碎岩体的粒度分布如表 2-12 所示。按照设计的破碎煤岩体瓦斯渗流应力加载路径,进行破碎岩体的瓦斯渗流实验,从而得出单一粒径和级配粒径的破碎岩体在三轴压实过程中的瓦斯渗透率变化规律。

（2）破碎煤体瓦斯渗流

根据仪器中胶套的大小,破碎煤体质量均设定为 130 g。首先,分别将 1.0~2.5 mm、2.5~5.0 mm 和 5.0~10.0 mm 的单一粒径破碎煤体搅拌均匀并进行瓦斯渗流实验;然后,分别将不同级配条件下(Talbot 幂指数分别为 0.1、0.2、0.4、0.6、0.8)的破碎煤体搅拌均匀并进行瓦斯渗流实验。不同级配指数条件下的破碎煤体的粒度分布如表 5-1 所示。按照设计的破碎煤岩体瓦斯渗流应力加载路径,进行破碎煤体的瓦斯渗流实验,从而得出单一粒径和级配粒径的破碎煤体在三轴压实过程中的瓦斯渗透率变化规律。

表 5-1　不同级配指数下破碎煤体粒度分布

Talbot 幂指数	质量/g		
	粒径 1.0~2.5 mm	粒径 2.5~5.0 mm	粒径 5.0~10.0 mm
0.1	48.2	39.5	42.3
0.2	44.7	39.7	45.6
0.4	38.1	39.6	52.3
0.6	32.0	39.0	59.0
0.8	26.5	37.8	65.7

（3）破碎煤岩混合体瓦斯渗流

根据 2.2.6 小节中的破碎煤岩混合体压实实验,对 Talbot 幂指数均为 0.8 的破碎煤岩混合体进行瓦斯渗流实验,破碎煤体质量为 20 g,破碎岩体质量为 200 g,不同粒径的破碎煤岩体质量如表 2-18 所示。按照设计的破碎煤岩体瓦斯渗流应力加载路径,进行破碎煤岩混合体的瓦斯渗流实验,从而得出破碎煤岩混合体在三轴压实过程中的瓦斯渗透率变化规律。

5.2.3　弹性和裂隙煤岩体以及组合岩体瓦斯渗流实验方案

（1）弹性和裂隙煤岩体瓦斯渗流

利用图 5-1 所示的受载煤体注气驱替瓦斯测试系统,首先,对未加载的 $\phi50$ mm×100 mm 的弹性煤体和弹性粉砂岩体进行瓦斯渗流实验;然后,将上述弹性煤体和弹性岩体进行围压为 3.0 MPa 条件下的三轴加载,得到裂隙煤岩体;最后,对裂隙煤岩样进行瓦斯渗流实验。按照设计的瓦斯压力加载路径,对弹性和裂隙煤岩体进行瓦斯渗流实验,从而得出弹性和裂隙煤岩体的瓦斯流量变化规律和渗透率变化规律。

（2）组合岩体瓦斯渗流

本部分仍采用图 4-7 所示的"破碎煤岩体-裂隙岩体-弹性煤体"的组合煤岩体进行瓦斯渗流实验。其中,层间岩体与上覆破碎岩体仍为粉砂岩,裂隙岩体仍利用 MTS815 电液伺服岩石实验系统进行三轴抗压实验得到,在达到峰值强度后对其进行卸压。破碎煤岩混合体的压实前高度、质量和粒度分布,弹性煤体的直径和高度,裂隙岩体的直径均与 4.2.4 小节中水渗流时组合岩体的情况一致。组合岩体的瓦斯渗流实验同样采用受载煤体注气驱替瓦斯测试系统进行,结合该系统中样品高度范围,层间裂隙岩体的高度可分别为 30 mm、50 mm、70 mm 和 90 mm。按照设计的瓦斯压力加载路径,对组合岩体进行瓦斯渗流实验,从而得出组合岩体的瓦斯流量变化规律和不同层间距对组合岩体瓦斯渗流流量的影响。

5.2.4 瓦斯渗流应力加载路径

（1）破碎煤岩体瓦斯渗流应力加载路径

结合矿井实际与实验设备条件,由于瓦斯气体进气口位于煤岩体下方,为防止瓦斯气体压力过大导致轴压加载失效,应使破碎煤岩体渗流的瓦斯压力始终小于轴压和围压,其具体的应力加载路径如图 5-3 所示。煤岩体密度及氮气的相关参数如表 5-2 所示,其中,氮气相关参数为温度 25 ℃下参数。大气压取 0.101 325 MPa。图 5-4 为破碎煤岩体三轴压缩瓦斯渗流的实验流程。

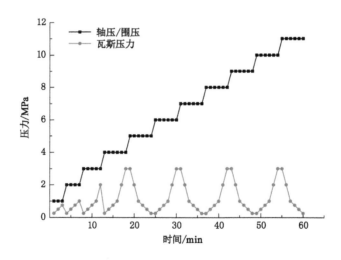

图 5-3　煤岩体瓦斯渗流应力加载路径

表 5-2　三轴压缩破碎煤岩体瓦斯渗透率计算参数

煤岩体密度（g/cm³）				氮气动力黏度 /(10⁻⁵ Pa · s)	氮气密度 /(g/cm³)
粉砂岩	细砂岩	中砂岩	煤		
2.29	2.27	2.18	1.25	1.780 5	0.001 13

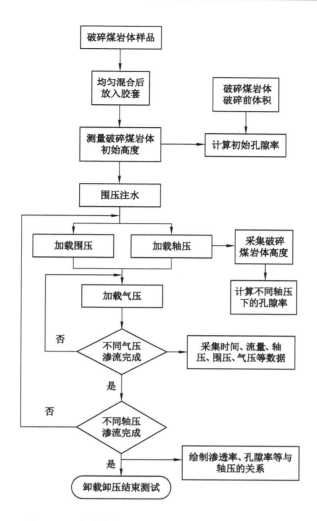

图 5-4 破碎煤岩体三轴压缩瓦斯渗流实验流程

（2）弹性和裂隙煤岩体以及组合岩体瓦斯渗流应力加载路径

利用受载煤体注气驱替瓦斯测试系统，对弹性和裂隙煤岩体以及组合岩体进行瓦斯渗流实验，煤岩体的瓦斯压力、轴压和围压的加载路径同样如图 5-3 所示，与破碎煤岩体瓦斯渗流的应力加载路径一致，从而得出弹性煤岩体不同瓦斯压力下的流量变化规律和裂隙煤岩体、组合岩体的瓦斯渗透率变化规律。

5.3 破碎煤岩体瓦斯渗流特征实验研究

5.3.1 破碎岩体瓦斯渗流特征

（1）单一粒径

① 三轴压缩轴向应力-应变特征

　　三轴压缩过程中,不同粒径和不同岩性的破碎岩体的轴向应变-轴压曲线分别如图 5-5 和图 5-6 所示。由图 5-5 可知,随着轴压的加载,轴向应变逐渐增加,破碎岩体逐渐被压实,且应变增幅逐渐降低。相同轴压条件下,破碎岩体的粒径越小,轴向应变越小,即破碎岩体粒径越小,越不容易被压实。由于粉砂岩、细砂岩和中砂岩三者本身的密度不同(表 5-2),体现为粉砂岩＞细砂岩＞中砂岩,因此,如图 5-6 所示,随着轴压的增加,越致密的岩体,其轴向应变越小,越不容易被压实。另外,围压的加载,使得单一粒径破碎岩体的轴向应变远小于侧限压实条件下的轴向应变,约为侧限压实轴向应变的三分之一,即加载围压对破碎岩体轴向的压缩有保护作用,但同时从侧向对破碎岩体进行了压缩,即单一粒径破碎岩体三轴压缩的体积应变更能反映三轴压实的应变特征。

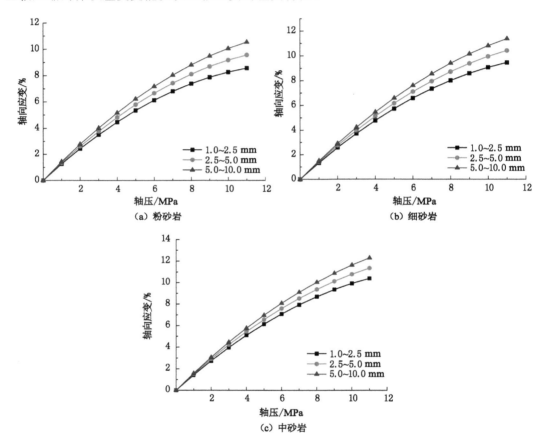

图 5-5　不同粒径破碎岩体三轴压缩轴向应变-轴压曲线

　　② 孔隙率演化特征

　　三轴压缩过程中,不同粒径破碎岩体的孔隙率-轴压曲线如图 5-7 所示。由图 5-7 可知,单一粒径破碎岩体的初始孔隙率约为 45％,随着轴压和围压的增加,破碎岩体孔隙率逐渐降低,且降幅逐渐减小,破碎岩体逐渐被压实。其中,大粒径破碎岩体的初始孔隙率大于小粒径破碎岩体的初始孔隙率,表明大粒径破碎岩体间初始孔隙空间大于小粒径破碎岩体;而随着轴压和围压的增加,大粒径破碎岩体的孔隙率逐渐降低至远小于小粒径破碎岩体的

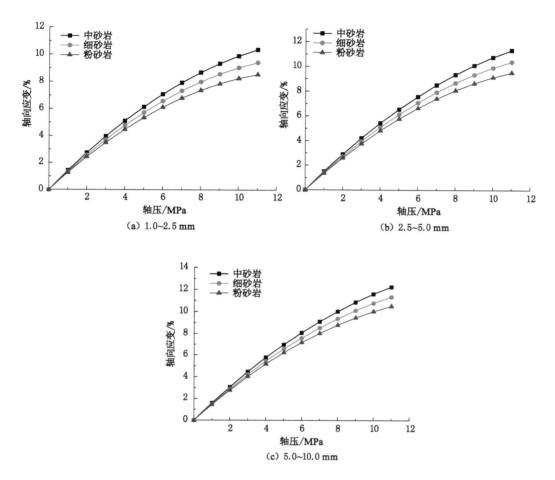

图 5-6　不同岩性单一粒径破碎岩体三轴压缩轴向应变-轴压曲线

孔隙率,表明破碎岩体的粒径越大,孔隙率降低越明显,越容易受压破碎为更小粒径的岩体并被压实,从而导致其孔隙率大幅降低。破碎岩体粒径越大,其受力压实后,粒径分布范围越广,孔隙空间越容易被进一步破碎后的岩石密实充实,越容易挤压形成新的孔隙较小的组合体;而小粒径的破碎岩体,由于本身粒径已经较小,较难与其他破碎岩体形成新的组合体,从而导致小粒径破碎岩体的孔隙率反而大于大粒径破碎岩体。相比单一粒径侧限压实,三轴压缩的初始孔隙率略低,但压实后的孔隙率基本一致,即三轴压缩与侧限压缩对破碎岩体的压实作用几乎一致,因此,此处不再进行破碎煤岩体三轴压缩下孔隙率和轴压的拟合。

　　由式(5-24)可知,破碎岩体孔隙率与岩体密度有较大关系。不同岩性单一粒径破碎岩体的孔隙率-轴压曲线如图 5-8 所示,由于细砂岩与粉砂岩的密度较为接近,且均大于中砂岩密度,因此,随着轴压和围压的增加,中砂岩的孔隙率降低最为明显,而细砂岩与粉砂岩的孔隙率降低幅度比较接近。

　　③ 渗透率演化特征

　　轴压和围压的增加,使得破碎岩体的孔隙率降低,从而使瓦斯渗流时呈现出不同的渗

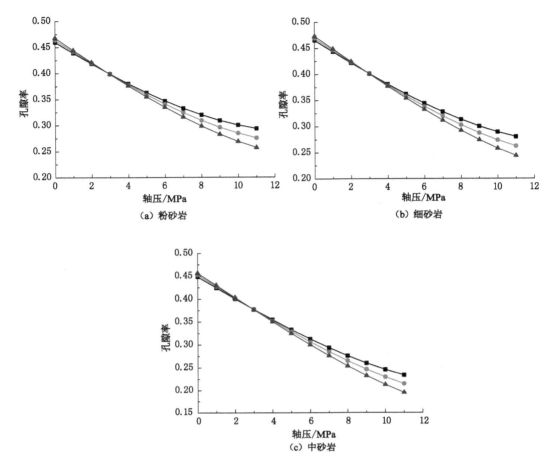

图 5-7　不同粒径破碎岩体三轴压缩孔隙率-轴压曲线

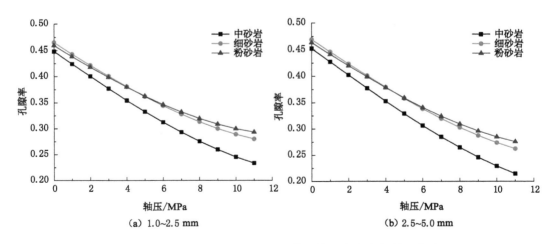

图 5-8　不同岩性单一粒径破碎岩体三轴压缩孔隙率-轴压曲线

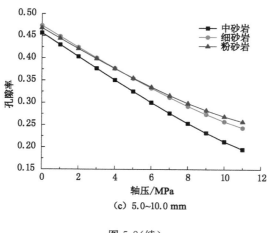

（c）5.0～10.0 mm

图 5-8（续）

透率。三轴压缩过程中,不同粒径破碎岩体的瓦斯渗透率与孔隙率的关系曲线如图 5-9 所示。由图 5-9 可知,随着轴压和围压的增加,单一粒径破碎岩体的孔隙率降低,瓦斯渗透率逐渐降低。当孔隙率较大时,瓦斯渗透率降低幅度较小;当孔隙率降低至 30% 左右时,瓦斯渗透率急剧降低。由于氮气的动力黏度较小,故孔隙率较大时对破碎岩体中的瓦斯渗透率影响较小。破碎煤岩体的孔隙空间依赖于固体颗粒的形状、粒径分布和排列方式[174-176]。在破碎岩体的瓦斯渗流过程中,相比宏观孔隙率的降低,其细观孔隙结构的改变对渗透率的影响更大。由于 5.0～10.0 mm 破碎岩体相对 1.0～2.5 mm 和 2.5～5.0 mm 破碎岩体较大,因此,5.0～10.0 mm 破碎岩体的渗透率大于其余粒径范围破碎岩体的渗透率。由于 1.0～2.5 mm 和 2.5～5.0 mm 破碎岩体的粒径较为接近,两者的渗透率也较接近。

水和氮气的分子直径分别约为 0.4 nm 和 0.364 nm,两者的分子直径相差不大。相比水的渗透率,单一粒径破碎岩体的瓦斯渗透率随孔隙率降低而减小的幅度较小,即孔隙率较小时,由于水的动力黏度远大于氮气的动力黏度,破碎岩体孔隙间的水分子之间形成较强的黏结力阻滞了水体的渗流,而气体间形成的黏结力对气体流动的阻滞作用则较弱。轴压较小时,孔隙率较大,由于水的密度远大于气体,水的重力作用大于气体,破碎岩体的瓦斯渗透率小于水的渗透率;而轴压较大时,孔隙率较小,分子间距减小,而由于水的动力黏度远大于氮气,水渗流的阻力大于气体,破碎岩体的瓦斯渗透率大于水的渗透率。

对图 5-9 中单一粒径破碎岩体的瓦斯渗透率与孔隙率关系进行了拟合,得出单一粒径破碎岩体的瓦斯渗透率和孔隙率之间满足指数衰减函数,具体的拟合公式如式（5-25）所示,其相关的拟合参数及相关系数 R 如表 5-3 所示。

$$k_g = m_3 + u_3 e^{\frac{-\varphi}{v_3}} \qquad (5-25)$$

式中,φ 为破碎煤岩体三轴压缩孔隙率;m_3、u_3 和 v_3 均为拟合参数。

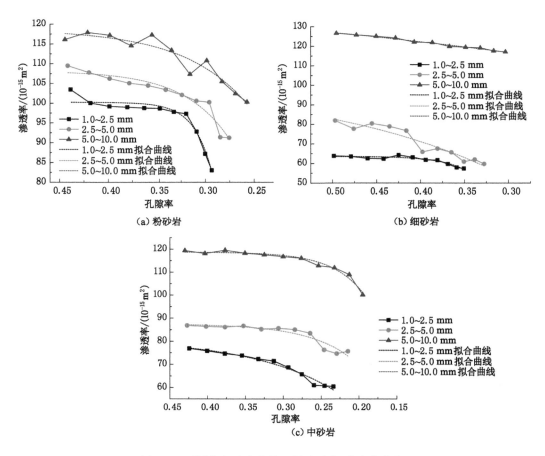

(a) 粉砂岩　　　　　　　　　　　　(b) 细砂岩

(c) 中砂岩

图 5-9　不同粒径破碎岩体瓦斯渗透率-孔隙率曲线

表 5-3　单一粒径破碎岩体瓦斯渗透率-孔隙率拟合曲线参数及相关系数

岩性	粒径/mm	拟合参数			R^2
		m_3	u_3	v_3	
粉砂岩	1.0～2.5	100.245 40	$-1.071\,50 \times 10^8$	0.018 78	0.942 89
	2.5～5.0	108.220 76	$-6\,482.017\,73$	0.046 48	0.915 31
	5.0～10.0	118.681 63	$-992.967\,16$	0.064 90	0.902 50
细砂岩	1.0～2.5	63.523 02	$-1.319\,25 \times 10^6$	0.028 75	0.900 07
	2.5～5.0	102.796 59	$-196.879\,66$	0.219 18	0.886 61
	5.0～10.0	164.392 44	$-68.458\,06$	0.825 21	0.983 38
中砂岩	1.0～2.5	80.976 96	$-181.507\,61$	0.110 81	0.964 91
	2.5～5.0	87.489 70	$-575.004\,68$	0.057 72	0.857 64
	5.0～10.0	118.787 86	$-1\,781.676\,98$	0.042 34	0.967 89

（2）级配粒径

图 5-10 所示为级配粒径破碎岩体三轴压缩轴向应变-轴压曲线。由图 5-10 可知，随着

轴压的加载,轴向应变逐渐增加,破碎岩体逐渐被压实,且轴向应变增幅逐渐降低。不同粒径的破碎岩体级配后,孔隙空间分布更为复杂,从而使得级配指数的增加并没有让破碎岩体的轴向应变呈现较好的规律。由于小粒径破碎岩体压实后可以更好地补充到大粒径破碎岩体的孔隙空间,级配粒径破碎岩体三轴压实的轴向应变小于单一粒径。级配粒径破碎岩体的三轴压缩轴向应变同样小于侧限压实条件下的轴向应变。

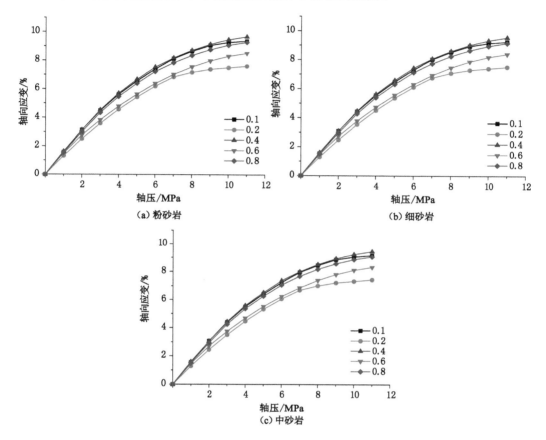

图 5-10 级配粒径破碎岩体三轴压缩轴向应变-轴压曲线

图 5-11 所示为级配粒径破碎岩体三轴压缩孔隙率-轴压曲线。由图 5-11 可知,级配粒径破碎岩体的初始孔隙率约为 40%,随着轴压和围压的增加,破碎岩体孔隙率逐渐降低,且降幅逐渐减小,破碎岩体逐渐被压实。由于小粒径破碎岩体对大粒径破碎岩体的孔隙空间形成了很好的充实,级配粒径破碎岩体三轴压缩的初始孔隙率低于单一粒径,压实后的孔隙率均在 20% 左右,与级配粒径破碎岩体侧限压实后的孔隙率基本一致。

图 5-12 所示为级配粒径破碎岩体三轴压缩瓦斯渗透率-孔隙率曲线。由图 5-12 可知,随着轴压和围压的增加,级配粒径破碎岩体的孔隙率降低,瓦斯渗透率逐渐降低,降低的幅度随孔隙率的降低而逐渐增大。相同孔隙率情况下,随着级配指数的增加,大粒径破碎岩体增加,破碎岩体三轴压缩的瓦斯渗透率逐渐增加。级配粒径破碎岩体三轴压缩的瓦斯渗透率明显小于单一粒径破碎岩体。级配粒径破碎岩体的瓦斯渗透率随孔隙率降低而减小的幅度较小,即相比水渗流,破碎岩体孔隙率降低对气体渗流的影响较小。利用式(5-25)所

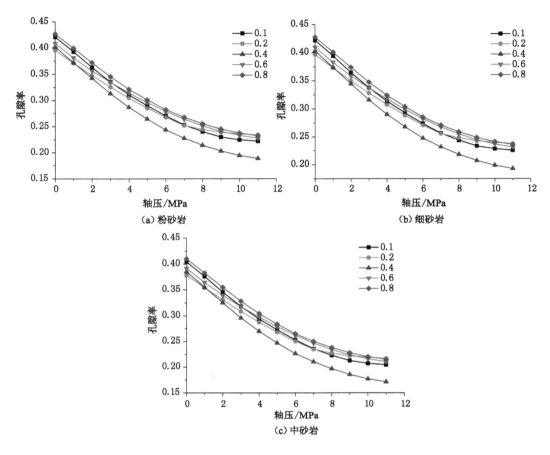

图 5-11　级配粒径破碎岩体三轴压缩孔隙率-轴压曲线

示的指数衰减函数对级配粒径破碎岩体瓦斯渗透率和孔隙率关系进行拟合,得出其相应的拟合参数及相关系数,如表 5-4 所示。

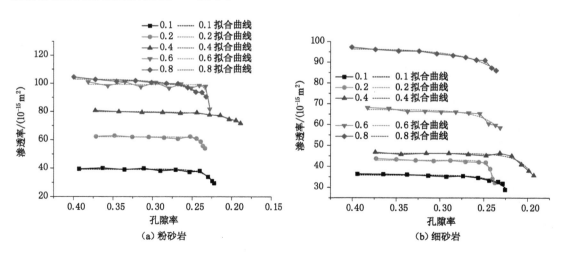

图 5-12　级配粒径破碎岩体三轴压缩瓦斯渗透率-孔隙率曲线

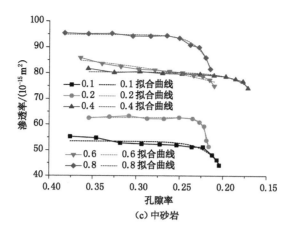

图 5-12(续)

表 5-4 级配粒径破碎岩体瓦斯渗透率-孔隙率拟合曲线参数及相关系数

岩性	Talbot 幂指数	拟合参数			R^2
		m_3	u_3	v_3	
粉砂岩	0.1	39.265 68	$-7.877\ 30\times10^8$	0.012 19	0.955 66
	0.2	62.002 10	$-9.077\ 97\times10^{16}$	0.006 33	0.933 48
	0.4	79.944 05	$-6\ 141.545\ 64$	0.028 41	0.963 68
	0.6	99.157 21	$-6.268\ 96\times10^{26}$	0.003 87	0.848 26
	0.8	103.060 14	$-8\ 900.399\ 70$	0.035 16	0.952 29
细砂岩	0.1	35.896 22	$-1.179\ 27\times10^6$	0.018 48	0.909 80
	0.2	42.903 42	$-8.405\ 73\times10^{17}$	0.006 11	0.956 69
	0.4	46.228 42	$-2.148\ 15\times10^6$	0.015 84	0.958 90
	0.6	67.119 05	$-135\ 115.323\ 15$	0.024 08	0.916 81
	0.8	96.497 35	$-3\ 445.259\ 52$	0.040 34	0.953 69
中砂岩	0.1	53.460 52	$-599\ 212.285\ 33$	0.018 35	0.895 32
	0.2	62.752 08	$-2.861\ 05\times10^{17}$	0.005 73	0.961 98
	0.4	80.374 59	$-14\ 485.993\ 27$	0.021 77	0.896 16
	0.6	89.210 65	$-52.735\ 18$	0.146 02	0.897 00
	0.8	94.906 85	$-1.169\ 83\times10^7$	0.015 66	0.982 04

5.3.2 破碎煤体瓦斯渗流特征

（1）单一粒径

图 5-13 所示为单一粒径破碎煤体三轴压缩瓦斯渗流特征。由图 5-13 可知，随着轴压

和围压的增加,单一粒径破碎煤体的轴向应变逐渐增加,且增加幅度逐渐减小;孔隙率逐渐降低,且降低幅度逐渐减小;渗透率逐渐降低,且降低幅度逐渐增大。随着粒径的增加,破碎煤体的轴向应变逐渐增加,初始孔隙率逐渐增加,压实后的孔隙率逐渐降低,渗透率逐渐降低。相比单一粒径破碎岩体三轴压缩,由于煤体的硬度和抗压强度弱于岩体,单一粒径破碎煤体的轴向应变较大,初始孔隙率较大,压实后的孔隙率较小,瓦斯渗透率较低。相比单一粒径破碎煤体侧限压实,单一粒径破碎煤体三轴压缩的轴向应变较小,孔隙率较小。与破碎岩体不同的是,由于煤体抗压强度较小,三轴压缩使得破碎煤体的受力面积增大,由侧限压实时从上向下逐渐压实转变为从上向下和从四周向中央叠加压实,从而导致三轴压缩破碎煤体的孔隙率较小,而岩体则由于其抗压强度较大,三轴压缩对其孔隙率的降低作用较弱。相比单一粒径破碎煤体的水的渗透率,瓦斯渗透率则小得多,其可能原因是进行水渗透的饱和破碎煤体在实验前进行了饱和水浸泡,煤体在浸泡后,表面变得光滑,且不再吸附水,水更容易渗流通过。利用式(5-25)所示的指数衰减函数对单一粒径破碎煤体瓦斯渗透率和孔隙率关系进行拟合,得出其相应的拟合参数及相关系数,如表5-5所示。

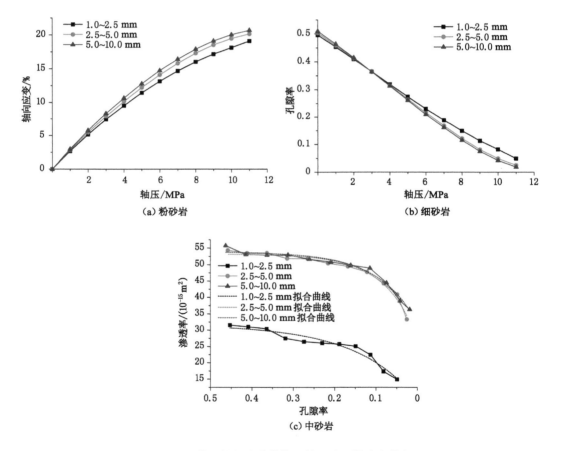

图 5-13　单一粒径破碎煤体三轴压缩瓦斯渗流特征

表 5-5 单一粒径破碎煤体瓦斯渗透率-孔隙率拟合曲线参数及相关系数

岩性	粒径/mm	拟合参数			R^2
		m_3	u_3	v_3	
煤	1.0～2.5	31.718 92	−23.151 88	0.145 87	0.938 00
	2.5～5.0	53.236 34	−25.747 27	0.079 86	0.974 75
	5.0～10.0	53.934 19	−21.814 64	0.094 04	0.969 82

（2）级配粒径

图 5-14 所示为级配粒径破碎煤体三轴压缩瓦斯渗流特征。由图 5-14 可知,随着轴压和围压的增加,级配粒径破碎煤体的轴向应变逐渐增加,且增加幅度逐渐减小;孔隙率逐渐降低,且降低幅度逐渐减小;渗透率逐渐降低,且降低幅度逐渐增大。相比级配粒径破碎煤体侧限压实,级配粒径破碎煤体三轴压缩的轴向应变较小,而孔隙率基本接近,即由于小粒径破碎煤体对孔隙空间的充实,破碎煤体承压范围增大。随着级配指数的增加,大粒径破碎煤体占比逐渐增大,从而使得破碎煤体三轴压缩瓦斯渗透率逐渐增加。由于煤体的强度较弱,在轴压和围压的加载下,大粒径煤体更易破裂为小粒径煤体,从而使得级配粒径破碎煤体的瓦斯渗透率与单一粒径破碎煤体的基本一致。相比级配粒径破碎岩体,由于煤体强度弱于岩体,级配粒径破碎煤体三轴受压后孔隙率降低明显,瓦斯渗透率较小。相比级配粒径破碎煤体的水的渗透率,瓦斯渗透率同样小得多,其可能原因是浸泡后的破碎煤体表面变得光滑,且不再吸附水,水更容易渗流通过。利用式(5-25)所示的指数衰减函数对级配粒径破碎煤体瓦斯渗透率和孔隙率关系进行拟合,得出其相应的拟合参数及相关系数,如表 5-6 所示。

表 5-6 级配粒径破碎煤体瓦斯渗透率-孔隙率拟合曲线参数及相关系数

岩性	Talbot 幂指数	拟合参数			R^2
		m_3	u_3	v_3	
煤	0.1	31.170 59	$-4.153\ 51 \times 10^{15}$	0.007 38	0.958 61
	0.2	33.413 69	$-3.737\ 88 \times 10^{12}$	0.009 16	0.921 57
	0.4	36.970 10	$-1.005\ 79 \times 10^{6}$	0.017 60	0.951 42
	0.6	66.477 22	$-9\ 589.763\ 10$	0.038 07	0.904 94
	0.8	78.068 97	$-7.622\ 92 \times 10^{6}$	0.019 02	0.939 64

5.3.3 破碎煤岩混合体瓦斯渗流特征

图 5-15 所示为破碎煤岩混合体三轴压缩瓦斯渗流特征。由图 5-15 可知,随着轴压的增加,破碎煤岩混合体三轴压缩轴向应变逐渐增加,且增加幅度逐渐减小;渗透率逐渐降低,且降低幅度逐渐增大。相比破碎煤岩混合体侧限压实,三轴压缩的轴向应变较小,基本为侧限压实时的三分之一,整体的体积应变基本接近;而瓦斯渗透率则远小于水的渗透率,相差一个数量级。利用式(5-25)所示的指数衰减函数对破碎煤岩混合体的瓦斯渗透率和孔隙率关系进行拟合,得出其相应的拟合参数及相关系数,如表 5-7 所示。

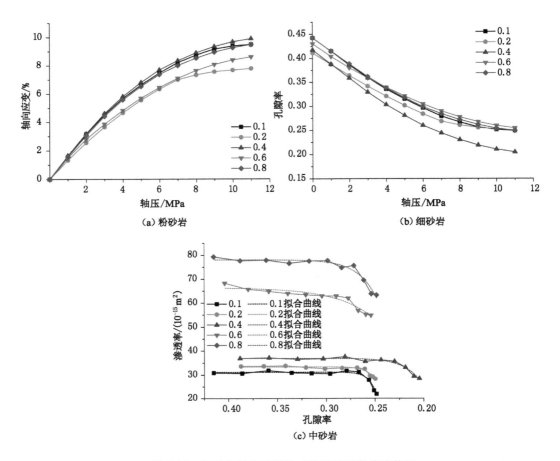

（a）粉砂岩　　　　　　　　　　（b）细砂岩

（c）中砂岩

图 5-14　级配粒径破碎煤体三轴压缩瓦斯渗流特征

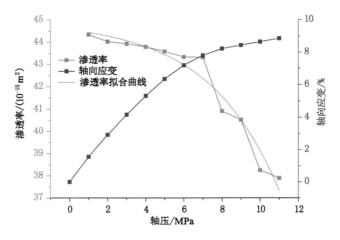

图 5-15　破碎煤岩混合体三轴压缩瓦斯渗流特征

表 5-7　破碎煤岩混合体瓦斯渗透率-孔隙率拟合曲线参数及相关系数

岩性	拟合参数			R^2
	m_3	u_3	v_3	
破碎煤岩混合体	44.948 77	−0.390 63	−3.704 10	0.940 62

　　因此,通过破碎煤岩体瓦斯渗流实验和数据拟合,可以得出破碎煤岩体孔隙率和轴压、瓦斯渗透率和孔隙率之间关系分别满足式(4-15)和式(5-25)所示的指数衰减函数。联立式(4-15)和式(5-25),得出如式(5-26)所示的公式,该公式即破碎煤岩体的应力-孔隙-瓦斯渗流耦合模型。进行不同粒径或不同级配的破碎煤岩体的瓦斯渗流数值模拟时,可分别从上述表 4-5、表 4-7、表 4-9、表 4-11 和表 5-3 至表 5-7 中查找相应的拟合参数。

$$\begin{cases} \varphi = m_1 + u_1 \mathrm{e}^{\frac{-\sigma_a}{v_1}} \\ k_g = m_3 + u_3 \mathrm{e}^{\frac{-\varphi}{v_3}} \end{cases} \tag{5-26}$$

5.4　弹性和裂隙煤岩体以及组合岩体瓦斯渗流特征实验研究

5.4.1　弹性煤岩体瓦斯渗流特征

　　对弹性岩体进行瓦斯渗流实验后发现,瓦斯几乎不能渗流通过粉砂岩,故此处只针对弹性煤体的瓦斯渗流进行分析。图 5-16 所示为弹性煤体瓦斯渗流特征。由图 5-16 可知,随着瓦斯压力的增加,弹性煤体的瓦斯渗流流量逐渐增加,渗透率也逐渐增加;随着轴压和围压的增加,弹性煤体的瓦斯渗流流量逐渐降低,渗透率也逐渐降低。弹性煤体三轴压缩的瓦斯渗透率远小于破碎煤岩体,至少相差两个数量级。

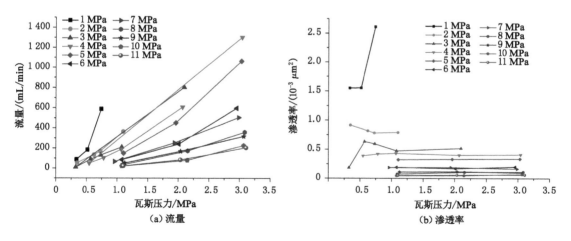

图 5-16　不同轴压和围压条件下弹性煤体瓦斯渗流特征

5.4.2　裂隙煤岩体瓦斯渗流特征

　　图 5-17 所示为裂隙煤岩体瓦斯渗流渗透率变化曲线,裂隙渗流具有明显的方向性,而本

实验是裂隙煤岩体轴向瓦斯渗流。由图 5-17 可知,随着轴压和围压的增加,裂隙煤岩体中的裂隙逐渐受压闭合,瓦斯渗透率逐渐降低。由于裂隙煤体的裂隙发育程度弱于裂隙岩体,裂隙煤体的渗透率较小。

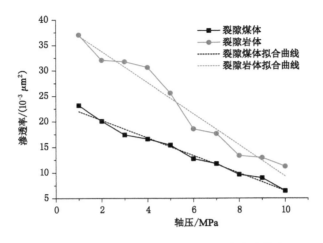

图 5-17　裂隙煤岩体瓦斯渗流渗透率变化曲线

对图 5-17 中裂隙煤岩体瓦斯渗透率和轴压之间关系进行拟合,可以得出裂隙煤岩体的轴向瓦斯渗透率与轴压之间满足线性关系,具体的公式如式(5-27)所示,相应的拟合参数和相关系数 R 如表 5-8 所示。

$$k_{fg} = m_4 + n_4 \sigma_{ta} \tag{5-27}$$

式中,k_{fg} 为裂隙煤岩体瓦斯渗透率;σ_{ta} 为裂隙煤岩三轴压缩的轴压;m_4 和 n_4 为拟合参数。

表 5-8　裂隙煤岩体轴向瓦斯渗透率-轴压拟合曲线参数及相关系数

岩性	拟合参数		R^2
	m_4	n_4	
裂隙煤体	23.698 52	−1.723 02	0.982 04
裂隙岩体	39.905 40	−3.060 18	0.955 39

5.4.3　组合岩体瓦斯渗流特征

图 5-18 所示为不同组合岩体的瓦斯渗透率变化曲线。由图 5-18 可知,随着轴压和围压的增加,组合岩体的瓦斯渗透率逐渐降低;同时,随着组合岩体中层间岩体高度的增加,渗流路径增加,瓦斯渗透率逐渐降低。其中,层间岩体高度为 50 mm 的组合岩体,由于加载时裂隙未完全贯通,裂隙开度较小,瓦斯渗透率相对较低。对比图 5-18 和图 5-15 得出,相同轴压和围压条件下,破碎煤岩混合体的瓦斯渗透率远大于组合岩体,即破碎煤岩混合体的压实程度对组合岩体的瓦斯渗透率影响较小,影响组合岩体瓦斯渗透率的主要为层间岩体,尤其是层间岩体的裂隙发育高度和裂隙开度对瓦斯渗透率的影响较大。

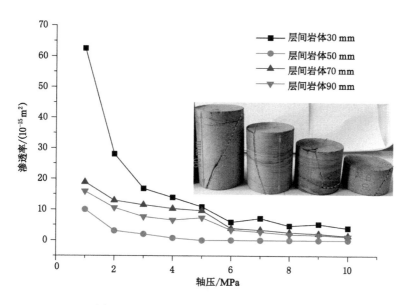

图 5-18   不同组合岩体瓦斯渗透率变化曲线

6 非充分垮落采空区下重复采动防治水和漏风技术

通过理论研究和实验研究破碎煤岩体水渗流特征和瓦斯渗流特征以及裂隙岩体水渗流特征和瓦斯渗流特征,构建了饱和破碎煤岩体应力-孔隙-水渗流耦合模型和破碎煤岩体应力-孔隙-瓦斯渗流耦合模型,掌握了裂隙岩体应力-轴向瓦斯渗透率的演化规律,为非充分垮落采空区下重复采动防治水和漏风的研究提供了理论及实验基础。目前,煤层群重复采动导致的流体灾害方面的研究大多为长壁式采空区下重复采动,关于非充分垮落采空区下重复采动导致的流体灾害方面的研究相对较少,而南梁煤矿非充分垮落采空区下的重复采动就主要面临防治水和漏风的问题,其中,防治水问题尤为突出。因此,针对非充分垮落采空区下重复采动进行防治水和漏风的研究,就显得尤为重要。

本章结合南梁煤矿非充分垮落采空区下重复采动水和气体的流动现状,采用数值模拟和现场实测相结合的方法,基于前文得出的破碎煤岩体应力-孔隙-渗流耦合模型和裂隙岩体应力-渗透率演化规律等,对非充分垮落采空区下重复采动前后流体的渗流特征和层间距对流体渗流特征的影响进行工程尺度的数值模拟研究,结合现场情况和模拟得出流体的渗流路径,指导现场疏放水钻孔的设计和布局,为非充分垮落采空区下煤层的安全高效开采提供保障。

6.1 非充分垮落采空区下重复采动灾害现状

南梁煤矿位于陕西省榆林市,所采煤田属陕北侏罗纪煤田神府矿区,所采煤层为浅埋煤层,存在地表冲沟。南梁煤矿 2-2 煤层采用间隔式开采,间隔式采煤工作面的布置方式基本等同长壁开采的布置方式,间隔推进,每推进 30~50 m,留设 5~10 m 的间隔式煤柱。30105 工作面采用走向长壁后退式全部垮落综合机械化采煤方法,所采的 3-1 煤层的埋深约为 84.4~184.6 m,平均 137 m,该煤层厚度为 1.94~2.38 m,平均厚度为 2.10 m。3-1 煤层与上层的 2-2 煤层的间距为 28.72~39.2 m,平均 35 m,30105 工作面上方为 20111 和 20109 工作面间隔式采空区(现场为方便工作,将一定范围内的数个间隔式采空区进行统一命名),其采空区积水为 30105 工作面开采的主要充水水源。30105 工作面顶板岩性以粉砂岩为主,顶板砂岩裂隙水为工作面直接充水含水层,该含水层平均厚度为 13 m,为浅灰色细粒砂岩或粉砂岩不等厚互层。30105 工作面底板以粉砂岩为主,结构致密,裂隙不发育,含水微弱或不含水,为 30105 工作面回采的相对隔水层。图 6-1 所示为南梁煤矿采区平面布置图。

影响非充分垮落采空区下煤层安全高效开采的主要原因是重复采动使上覆采空区顶板充分垮落(图 6-2),并导致非充分垮落采空区上覆岩体和工作面前方层间岩体产生大量竖直裂隙,部分裂隙贯通至地表,形成地表大裂缝(图 6-3),地表-上覆岩体-非充分垮落采空区-层间岩体贯通,流体通道得以畅通。

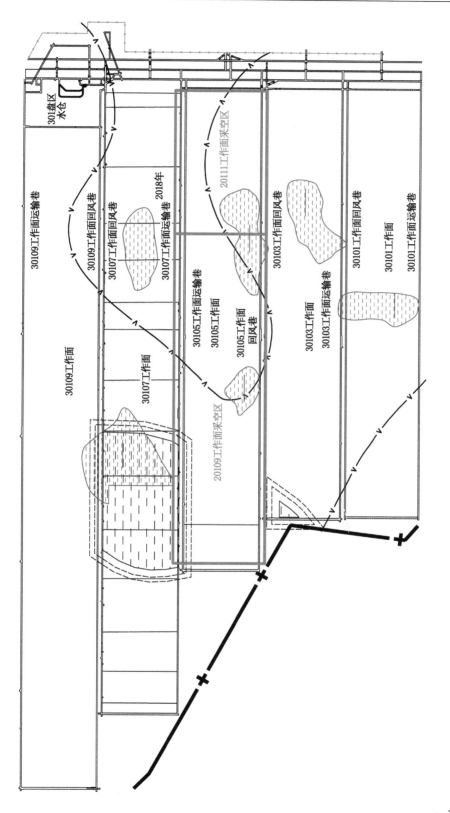

图6-1 南梁煤矿采区平面布置图

图 6-2　采空区中破碎煤岩体

（a）地表裂缝　　　　　　　　　　　　　　（b）巷道裂缝

图 6-3　地表和巷道的裂缝

　　在雨季时，南梁煤矿所在的神府矿区降水量较为充沛，雨水容易在地表积聚，形成如图 6-4 所示的地表降雨积水区。另外，由于雨季降水量过大过急，雨水在地表形成积水区后，水压快速上升，同时，由于南梁煤矿开采的煤层为浅埋煤层，地表有一定程度的沉陷和裂缝，而降雨的冲刷使得裂缝进一步增大，雨水得以通过地表裂缝和重复采动导致畅通的流体裂隙通道流入工作面，形成如图 6-5 所示的工作面顶板淋水等现象。

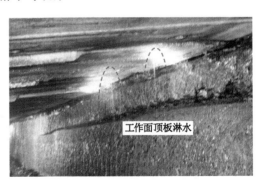

图 6-4　地面降雨积水区　　　　　　　　　图 6-5　工作面顶板淋水

　　综上所述，南梁煤矿面临的主要灾害为水害问题，而水的来源主要为地表降雨积水和上覆采空区积水。另外，由于 2-2 煤层采用间隔式开采，2-2 煤层采空区中存在大量遗留煤体，而非充分垮落采空区下重复采动使得裂隙通道畅通,上覆采空区中遗留煤体容易发生自燃,因此,下组煤层的安全高效开采还需要解决防治漏风的问题。

6.2 重复采动围岩渗流特征的数值模拟研究

明确非充分垮落采空区下重复采动后流体对下组煤层工作面开采的影响现状后,为防治水和漏风对工作面安全高效开采的影响,基于第 3 章得出的非充分垮落采空区下重复采动前后的裂隙发育规律和第 4、5 章得出的破碎煤岩体应力-孔隙-渗流耦合模型,采用离散元数值软件 UDEC,以水为流体对象,进行重复采动对渗流的影响和层间距对渗流的影响等方面的数值模拟研究。

6.2.1 重复采动后的围岩渗流特征

基于第 3 章中建立的非充分垮落采空区下重复采动模型进行流固耦合的数值模拟。由于开采浅埋煤层导致地表有一定的沉陷和土体错位,松散层产生大裂缝并容易渗水,因此,与第 3 章中不同的是,渗流模型去掉了地表的土层,假定 2# 采空区上方存在一个降雨积水区,对 2# 采空区上覆岩体施加 3.0 MPa 的初始水压,构建了如图 6-6 所示的非充分垮落采空区下重复采动围岩渗流模型。同时,在非充分垮落采空区上覆岩体和工作面前方层间岩体中分别选取 2 个点和 5 个点作为测点,监测重复采动前后 7 个测点孔隙压力的变化(测点位置如图 6-6 所示)。由第 2 章分析得出 Talbot 幂指数为 0.8、质量比为 1:10 的破碎煤岩混合体最接近非充分垮落采空区中的破碎煤岩体的真实情况,因此,基于第 4 章中得出的破碎煤岩混合体的应力-孔隙-水渗流耦合模型[式(4-17)]为非充分垮落采空区中破碎煤岩体在重复采动前后的水的渗透率演化模型,并以裂隙岩体应力-轴向瓦斯渗透率演化规律[式(5-27)]作为层间裂隙岩体在重复采动前后的水的渗透率演化规律的参考,进行非充分垮落采空区下重复采动流固耦合模拟,具体流程如图 6-7 所示。

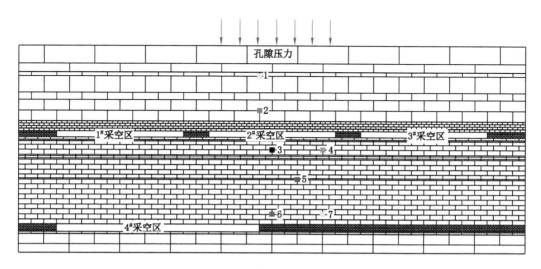

图 6-6 非充分垮落采空区下重复采动渗流模型

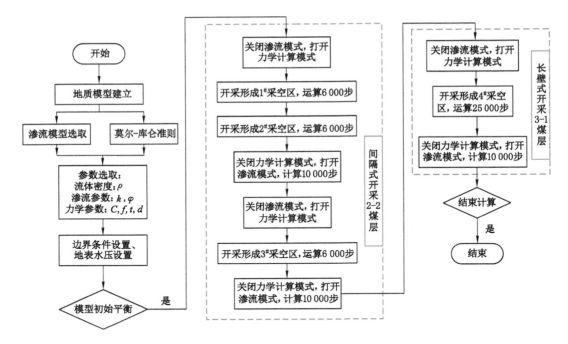

图 6-7　非充分垮落采空区下重复采动渗流模拟流程

　　由第 3 章的分析得出,煤层重复采动前,由于非充分垮落采空区的顶板垮落不充分,上覆岩体的裂隙大多为水平方向的拉伸裂隙,并未导通上覆岩体的裂隙,而重复采动后,非充分垮落采空区上覆岩体和层间岩体充分垮落,产生了大量的剪切裂隙,导通了流体通道,因此,本节主要进行非充分垮落采空区下重复采动后的渗流模拟和分析,并通过观察岩体裂隙的孔隙压力分析水在岩体中的流向。

　　图 6-8 所示为非充分垮落采空区下重复采动后的孔隙压力分布图,受比例尺的限制,为更好地体现孔隙压力分布规律,以 0.1 MPa 孔隙压力为界进行了分别展示。由图 6-8 可知,重复采动后,随着上覆岩体和层间岩体裂隙的导通,地表积水通过水平裂隙和竖直裂隙逐渐流向各个采空区,包括下组煤层的长壁式采空区。这说明岩体中只要存在连通的裂隙,水就可以渗流到该处,但随着水体的流动,孔隙压力逐渐减小(原因为,一方面水体占据了岩体裂隙,水流逐渐减小;另一方面岩体对水流有一定的阻碍作用)。同时,水体也流向了下组煤层工作面前方层间岩体,且层间岩体中的孔隙压力相对较小,大多数低于 0.1 MPa。

　　在重复采动后水体渗流过程中,对图 6-6 所示的 7 个测点进行了孔隙压力监测,得出了如图 6-9 所示的孔隙压力变化曲线,其中,测点 7 未测到孔隙压力。由图 6-9 可知,由于测点 1 和 2 位于上覆岩体,因此,重复采动前,积水渗流至测点 1 和 2 处,两测点处存在一定的孔隙压力;在开采形成 3# 采空区后,测点 1 处由于裂隙不太发育,存在一定憋压,孔隙压力略有上升,而测点 2 处更靠近 2-2 煤层,裂隙相对发育,因此,孔隙压力有所下降;在开采形成 4# 采空区后,上覆岩体-上覆采空区-层间岩体的裂隙导通,积水渗流至测点 3、4、5 和 6 处,这 4 个测点处孔隙压力升高,而测点 1 和 2 处的孔隙压力降低,但降低后的孔隙压力仍高于层间岩体测点,层间岩体测点的孔隙压力随积水的逐渐渗入而较快上升直至稳定。

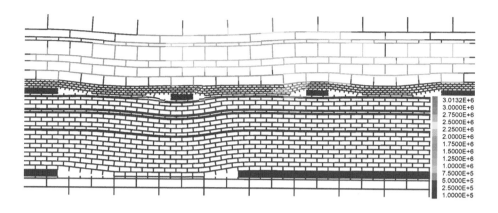

(a) 孔隙压力>0.1 MPa

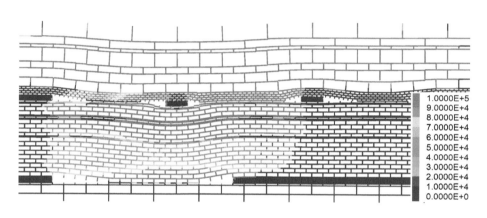

(b) 孔隙压力<0.1 MPa

图 6-8　重复采动后的孔隙压力分布

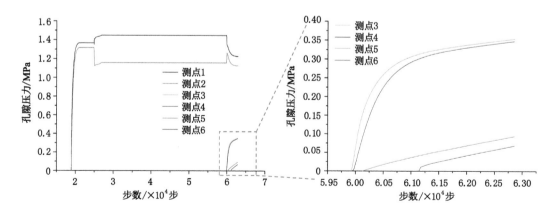

图 6-9　不同测点的孔隙压力变化曲线

6.2.2　层间距对重复采动围岩渗流特征的影响

由第 3 章的分析得出,随着层间距的增大,非充分垮落采空区上覆岩体和工作面前方层间岩体的裂隙发育程度均逐渐降低,因此,有必要进行层间距对渗流影响的数值模拟研究。同第 3 章中对比不同层间距条件下上覆岩体和层间岩体裂隙发育的模型一致,以 5 m、20 m、35 m、50 m 和 65 m 的层间距为研究对象,对比不同层间距条件下重复采动后的渗流特征。

图 6-10 所示为不同层间距下的孔隙压力分布,受比例尺的限制,同样以 0.1 MPa 孔隙压力为界进行了分别展示。由图 6-10 可知,随着层间距的增加,下组煤层工作面前方层间岩体中存在孔隙压力的区域逐渐减小,即有水流通过的区域逐渐减小,这说明随着层间距的增加,裂隙发育程度逐渐降低,层间岩体的渗透率逐渐降低。

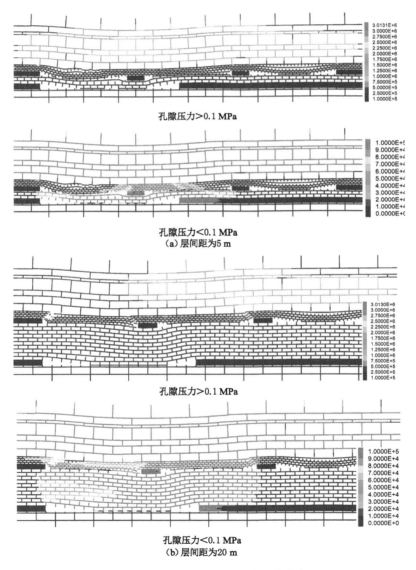

图 6-10　不同层间距下的孔隙压力分布

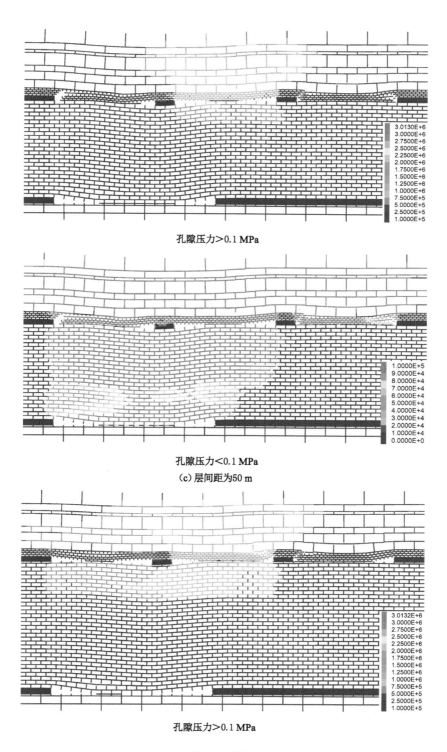

孔隙压力>0.1 MPa

孔隙压力<0.1 MPa

（c）层间距为50 m

孔隙压力>0.1 MPa

图 6-10（续）

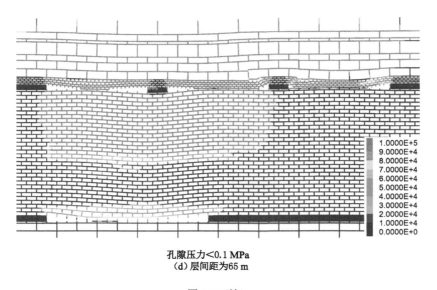

孔隙压力<0.1 MPa
(d)层间距为65 m

图 6-10(续)

为定量表征层间距对重复采动后渗流特征的影响规律,对不同层间距条件下层间岩体中部的测点 5 处的孔隙压力进行了监测和对比,结果如图 6-11 所示。由图 6-11 可知,随着层间距的增大,层间岩体的孔隙压力逐渐降低,且降低幅度逐渐减小。

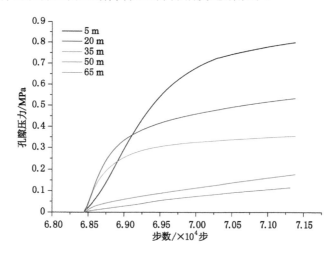

图 6-11　不同层间距时层间岩体测点 5 处的孔隙压力曲线

6.3　防治水和漏风技术

基于上节得出的非充分垮落采空区下重复采动后的渗流特征,针对南梁煤矿存在的水和漏风问题现状,结合煤矿现场的实际情况,采取不同的手段防治水和漏风。对于水,由于其来源为地表降雨积水或采空区积水,故主要采用"治"的方案;而对于漏风,其主要原因为重复采动 3-1 煤层将裂隙带导通,新鲜空气从地表或 3-1 煤层工作面进入 2-2 煤层采空区,并可能造成遗留煤体自燃,故主要采用"防"的方案。

由第 3 章中非充分垮落采空区下重复采动后的裂隙发育特征得出,重复采动后层间岩体中剪切裂隙更为发育;由第 4 章中组合岩体的水渗流特征和第 5 章中组合岩体的瓦斯渗流特征得出,裂隙岩体的裂隙发育高度和裂隙开度对组合岩体的渗透率影响较大,而破碎煤岩体的影响相对较小。因此,"治水"和"防漏风"的关键均在于层间岩体中既可透水又可通风的裂隙通道,而两者不同之处在于"治水"是在探寻到水体位置后,扩展其下方岩体裂隙,提前将水放出,避免影响工作面安全开采,"防漏风"则是及时发现发育的裂隙通道,并将其封堵,避免新鲜风流进入。以下为针对该类型矿井所采取的具体防治水和漏风技术的相关措施。

6.3.1 防治水技术

由上述结论得出南梁煤矿非充分垮落采空区下重复采动将导致岩体裂隙贯通,出现积水进入下组煤层工作面的情况,针对此现象,采用图 6-12 所示的巷道疏放水钻孔技术,对工作面前方顶板进行钻孔疏放水,将上覆非充分垮落采空区中的水排出,并在雨季时加强地表积水的排放。根据第 4 章中得出的破碎煤岩体和裂隙岩体在不同水压和不同层间距等条件下对应的渗透率,以及上节得出的重复采动后水渗流特征,得知层间岩体上覆采空区或地表存在积水时,对下组煤层的开采有重大的安全隐患。因此,对南梁煤矿的防治水采取"物探先行＋全面覆盖＋突出重点"的钻孔疏放水技术。

图 6-12 巷道疏放水钻孔

首先,在工作面巷道每 1 000 m 开展一次针对顶板富水性的井下音频电透视或瞬变电磁探测,寻找富水异常区,并将其作为探放水重点区段;其次,力求使探放水钻孔全面覆盖工作面,在工作面回风巷和运输巷每 60 m 布置一个钻场,钻孔呈扇形或半扇形布置;最后,将工作面开切眼附近范围、物探异常区、地表积水区下方和地震勘探构造发育区等区段作为重点探放区,加密布置钻孔进行探放水。随着角度的增大,单位长度的钻孔涌水量呈现先增加后减小的趋势;而随着钻孔数量的增多,钻孔总涌水量不断增加至一定程度后保持不变[184]。结合南梁煤矿实际地质条件和上述模拟得出的重复采动后层间裂隙岩体中不同测点的孔隙水压变化规律,选择疏放水钻孔仰角为45°,一般探放区的单个钻场钻孔数量布置为 3 个,重点探放区的单个钻场钻孔数量布置为 5 个,采用定向长距离钻孔与常规钻孔相结合方式进行分区域疏放水,从而确保下组煤层工作面的安全高效开采(图 6-13 所示为疏放水钻孔的布置方式简图)。

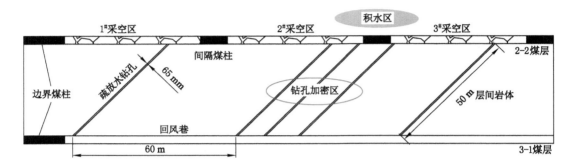

图 6-13　疏放水钻孔布置方式

在南梁煤矿 3-1 煤层工作面前方巷道中选取不同位置进行钻孔抽水,并对累计放水量进行实测统计,得出了如图 6-14 所示的南梁煤矿 3-1 煤层的 30105 工作面不同位置的累计放水量。由图 6-14 可知,距离 30105 工作面开切眼较近的上方 20109 采空区的累计放水量与距离较远的 20111 采空区的整体累计放水量基本接近,均为 4.0×10^4 m³ 左右。在距开切眼距离分别为 500～900 m 和 1 300～1 800 m 范围内,结合图 6-1 可知,其范围内的层间岩体上方均存在积水区,因此,根据疏放水钻孔布置方式,钻孔数量相对较多,累计放水量相对较大。通过在工作面前方巷道分区域进行钻孔疏放水,可以很好地将上覆采空区和地表降雨的积水排出,从而不致影响工作面的正常开采。

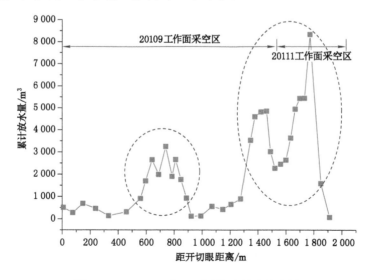

图 6-14　30105 工作面不同位置累计放水量

通过对南梁煤矿的涌水量、降水量和巷道进尺进行 60 多个月的长期连续监测,得到了如图 6-15 所示的动态曲线,其中,降水量超过 50 mm 说明该月降水量较大,有暴雨。由图 6-15 可知,南梁矿区在雨季时降水量较大,在监测前期,较大的降水量直接导致矿井涌水量相对较大;在监测后期,虽然巷道进尺相对较大,但提前对上覆采空区积水进行了疏放水,雨季的涌水量相对较小。这说明采用疏放水技术可以大大减少工作面涌水量,提高工作面开采效率。

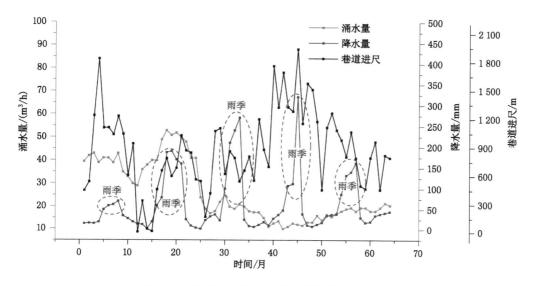

图 6-15 涌水量与降水量及巷道进尺的动态曲线

6.3.2 防治漏风技术

由于南梁矿区部分地面为沟谷地貌,同时,该矿煤层均为易自燃煤层,而由第 3 章分析得出 3-1 煤层工作面的过沟重复采动将导致导水裂隙带沟通上覆含水层并直接发育至地表,而导水裂隙带也是漏风的主要通道,因此,除了防治水外,还需要重点防止新鲜空气流入上覆采空区而导致遗留煤自燃,影响下组煤层的安全高效开采。为防止新鲜空气通过导水裂隙带流入上覆采空区,需要在下组煤层开采前进行煤自燃的防控,并在开采过程中加强煤自燃的发火监测。影响煤自燃的主要条件包括煤的表面活性结构浓度、氧浓度和温度。煤自燃火灾的扑灭主要从以下三个方面着手:一是隔离煤氧接触,使自燃窒息;二是降低煤温,使煤氧化放热强度降低,最终使火熄灭;三是惰化煤体表面活性结构,降低煤氧复合速度,防止煤自燃的发生[185]。目前,国内外的防灭火技术主要包括充填堵漏、均压通风注浆、注入惰性气体、注阻化剂、注高分子材料、注三相泡沫等防灭火技术[186]。结合矿井实际情况,综合考虑采用"采前地表注浆+采中均压通风+采后注入惰性气体"的立体式煤自燃防治方法。地表注浆主要对煤层开采后导通至地表的大裂缝进行注浆封孔(图 6-16 所示为注浆封孔后的地表),从而隔离煤氧接触,需结合裂隙发育程度,对裂隙发育区域进行重点加强注浆,尤其是间隔煤柱对应的地表附近,由于间隔式采空区压实不充分,渗透性较强,更易漏风。在煤层群开采过程中,上下煤层间距较小,煤层开采产生的采动影响较大,从而使得上下煤层采空区容易串通，漏风较紊乱。在开采下组煤层时，通风负压使上组煤层采空区积气容易进入下组煤层工作面，从而造成有害气体超限，严重影响矿井正常生产。而均压通风主要通过改变通风系统内的压力分布，降低上隅角与采空区压差，以及上下隅角压差，减少漏风[186]，从而抑制和熄灭火区，但需要在井下增加调节风门和局部通风机等相关设施。南梁煤矿注入的惰性气体是氮气，经济实惠，对下组煤层采空区注入氮气可以降低氧气浓度，窒息采空区火源，防止在下组煤层开采后上下组煤层采空区的串通而导致新鲜空气流入。

图 6-16 防止漏风注浆封孔

采取立体式煤自燃防治方法后，需要在下组煤层开采时，在工作面和上隅角加强标志性气体的监测。目前，国内外煤自燃监测的方法主要有指标气体分析法、测温法、示踪气体法和气味检测法等[187]。煤自燃可产生多种标志性气体，如 CO、CO_2 和烷烃类气体等，并随煤温的升高，其产生量将发生显著变化，因此，可以通过标志性气体产生量的变化判断煤自燃状态[187]。监测手段主要有人工监测和矿井监测系统两种，而矿井监测系统包括束管监测系统和矿井安全与环境监测系统[188]。结合南梁煤矿实际情况，采用束管监测系统监测下组煤层采空区的气体浓度。

对地表进行注浆封孔后，在下组煤层工作面开采过程中，持续对 3-1 煤层的采空区及工作面上隅角中不同气体进行束管监测，统计得出了如图 6-17 和图 6-18 所示的监测曲线。根据《煤矿安全规程》的规定，矿井中采掘工作面的 O_2 的气体浓度不得低于 20％，CO_2 和 CO 的气体浓度分别不得超过 0.5％和 $2.4×10^{-5}$[189-190]。由图 6-17 和图 6-18 可知，随着时间的推移，采空区中 O_2 浓度逐渐降低，上隅角 O_2 浓度不低于 18％，基本可以满足人体呼吸；采空区和上隅角中 CO_2 浓度均符合要求，低于 0.5％，尤其是采空区中 CO_2 浓度相对较低；工作面上隅角的 CO 浓度低于 $2.4×10^{-5}$。这说明采取上述"采前地表注浆＋采中均压通风＋采后注入惰性气体"的立体式煤自燃防治方法，有效地阻止了地面和下组煤层新鲜空气的进入，使得上覆采空区中遗留煤没有发生自燃，改善了 3-1 煤层工作面的工作环境与空气质量。

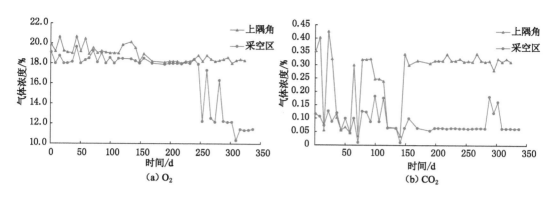

图 6-17 采空区及上隅角不同气体束管监测曲线

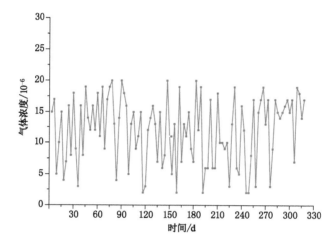

图 6-18 综采工作面开采后上隅角 CO 气体浓度监测曲线

参 考 文 献

[1] 中国煤炭工业协会.2022 煤炭行业发展年度报告[R].北京:中国煤炭工业协会,2023.

[2] 朱德福.浅部非充分垮落采空区承载特征与重复采动致灾机理研究[D].徐州:中国矿业大学,2018.

[3] 李彦斌,杨永康,康天合,等.浅埋易燃厚煤层综放工作面防灭火技术[J].采矿与安全工程学报,2011,28(3):477-482.

[4] 张杰,杨涛,王斌,等.浅埋煤层沟谷径流下开采顶板突水预测分析[J].采矿与安全工程学报,2017,34(5):868-875.

[5] 张勋.大同矿区多煤层组重叠开采矿压显现规律及控制技术[D].阜新:辽宁工程技术大学,2015.

[6] 陈忠辉,冯竞竞,肖彩彩,等.浅埋深厚煤层综放开采顶板断裂力学模型[J].煤炭学报,2007,32(5):449-452.

[7] 朱德福,屠世浩,屠洪盛,等.冲沟地貌间隔式煤柱下采动应力传播规律研究[J].采矿与安全工程学报,2018,35(4):701-707.

[8] 田云鹏.南梁煤矿间隔式采空区下煤层开采动压机理研究[D].西安:西安科技大学,2015.

[9] 张付涛.浅埋煤层间隔式空区下长壁综采覆岩移动规律研究[D].徐州:中国矿业大学,2016.

[10] 徐学锋,窦林名,刘军,等.巨厚砾岩对围岩应力分布及冲击矿压影响的"O"型圈效应[J].煤矿安全,2011,42(7):157-160.

[11] 刘海胜.浅埋煤层大采高工作面矿压规律与覆岩结构研究[J].煤炭科学技术,2016,44(增刊):44-47.

[12] 高强.地面钻井抽采条件下废弃采空区煤层气渗流特性研究[D].太原:太原理工大学,2018.

[13] ZHANG C,TU S H,ZHAO Y X. Compaction characteristics of the caving zone in a longwall goaf:a review[J]. Environmental earth sciences,2019,78(1):27.

[14] 朱德福,屠世浩,袁永,等.破碎岩体压实特性的三维离散元数值计算方法研究[J].岩土力学,2018,39(3):1047-1055.

[15] ZHU D F,TU S H,MA H S,et al. Modeling and calculating for the compaction characteristics of waste rock masses[J]. International journal for numerical and analytical methods in geomechanics,2019,43(1):257-271.

[16] 白庆升,屠世浩,袁永,等.基于采空区压实理论的采动响应反演[J].中国矿业大学学报,2013,42(3):355-361.

[17] 蒋力帅,武泉森,李小裕,等.采动应力与采空区压实承载耦合分析方法研究[J].煤炭学报,2017,42(8):1951-1959.

[18] 梁冰,汪北方,姜利国,等.浅埋采空区垮落岩体碎胀特性研究[J].中国矿业大学学报,2016,45(3):475-482.

[19] 王平,余伟健,冯涛,等.软弱破碎围岩压实-固结二次成岩机制试验研究[J].岩石力学与工程学报,2018,37(8):1884-1895.

[20] 蔡毅,严家平,徐良骥,等.不同含水状态采空区冒落岩体压缩变形特征研究[J].煤炭科学技术,2014,42(11):17-20.

[21] 郁邦永,陈占清,冯梅梅,等.基于CT扫描的饱和破碎灰岩侧限压缩下微观结构演化特征[J].煤炭学报,2017,42(2):367-372.

[22] 郁邦永,陈占清,戴玉伟,等.饱和破碎砂岩压实过程中粒度分布及能量耗散[J].采矿与安全工程学报,2018,35(1):197-204.

[23] ZHANG J X,LI M,LIU Z,et al. Fractal characteristics of crushed particles of coal gangue under compaction[J]. Powder technology,2017,305:12-18.

[24] FAN L,LIU S M. A conceptual model to characterize and model compaction behavior and permeability evolution of broken rock mass in coal mine gobs[J]. International journal of coal geology,2017,172:60-70.

[25] 杜春志,刘卫群,贺耀龙,等.破碎岩体压实渗透非稳态规律的试验研究[J].矿山压力与顶板管理,2004,21(1):109-111.

[26] 陈佩.煤矿采空区不同部位岩层裂隙率与其渗透性关系的实验研究[D].太原:太原理工大学,2016.

[27] LI H Y,OGAWA Y,SHIMADA S. Mechanism of methane flow through sheared coals and its role on methane recovery[J]. Fuel,2003,82(10):1271-1279.

[28] PAN J N,NIU Q H,WANG K,et al. The closed pores of tectonically deformed coal studied by small-angle X-ray scattering and liquid nitrogen adsorption [J]. Microporous and mesoporous materials,2016,224:245-252.

[29] OKOLO G N,EVERSON R C,NEOMAGUS H W J P,et al. Comparing the porosity and surface areas of coal as measured by gas adsorption,mercury intrusion and SAXS techniques[J]. Fuel,2015,141:293-304.

[30] SHI X H,PAN J N,HOU Q L,et al. Micrometer-scale fractures in coal related to coal rank based on micro-CT scanning and fractal theory[J]. Fuel,2018,212:162-172.

[31] ZHAO Y X,SUN Y F,LIU S M,et al. Pore structure characterization of coal by synchrotron radiation nano-CT[J]. Fuel,2018,215:102-110.

[32] LI S,TANG D Z,XU H,et al. Advanced characterization of physical properties of coals with different coal structures by nuclear magnetic resonance and X-ray computed tomography[J]. Computers and geosciences,2012,48:220-227.

[33] ZHAO Y X,SUN Y F,LIU S M,et al. Pore structure characterization of coal by NMR cryoporometry[J]. Fuel,2017,190:359-369.

[34] ZHAO Y X, ZHU G P, DONG Y H, et al. Comparison of low-field NMR and microfocus X-ray computed tomography in fractal characterization of pores in artificial cores[J]. Fuel, 2017, 210:217-226.

[35] ZHOU S D, LIU D M, CAI Y D, et al. 3D characterization and quantitative evaluation of pore-fracture networks of two Chinese coals using FIB-SEM tomography[J]. International journal of coal geology, 2017, 174:41-54.

[36] KARACAN C Ö, MITCHELL G D. Behavior and effect of different coal microlithotypes during gas transport for carbon dioxide sequestration into coal seams [J]. International journal of coal geology, 2003, 53(4):201-217.

[37] HERNÁNDEZ ZUBELDIA E, DE SM OZELIM L C, LUÍS BRASIL CAVALCANTE A, et al. Cellular automata and X-ray microcomputed tomography images for generating artificial porous media[J]. International journal of geomechanics, 2016, 16(2):04015057.

[38] SIMONS F J, VERHELST F, SWENNEN R. Quantitative characterization of coal by means of microfocal X-ray computed microtomography (CMT) and color image analysis (CIA) [J]. International journal of coal geology, 1997, 34(1/2):69-88.

[39] VAN GEET M, SWENNEN R. Quantitative 3D-fracture analysis by means of microfocus X-Ray Computer Tomography (μCT):an example from coal[J]. Geophysical research letters, 2001, 28(17):3333-3336.

[40] YAO Y B, LIU D M, CHE Y, et al. Non-destructive characterization of coal samples from China using microfocus X-ray computed tomography[J]. International journal of coal geology, 2009, 80(2):113-123.

[41] 王刚,沈俊男,褚翔宇,等. 基于 CT 三维重建的高阶煤孔裂隙结构综合表征和分析[J]. 煤炭学报, 2017, 42(8):2074-2080.

[42] LI X, DUAN Y T, LI S D, et al. Study on the progressive failure characteristics of Longmaxi shale under uniaxial compression conditions by X-ray micro-computed tomography[J]. Energies, 2017, 10(3):1-13.

[43] CAI Y D, LIU D M, MATHEWS J P, et al. Permeability evolution in fractured coal-combining triaxial confinement with X-ray computed tomography, acoustic emission and ultrasonic techniques[J]. International journal of coal geology, 2014, 122:91-104.

[44] 李廷春,吕海波,王辉. 单轴压缩载荷作用下双裂隙扩展的 CT 扫描试验[J]. 岩土力学, 2010, 31(1):9-14.

[45] 李廷春,吕海波. 三轴压缩载荷作用下单裂隙扩展的 CT 实时扫描试验[J]. 岩石力学与工程学报, 2010, 29(2):289-296.

[46] JU Y, XI C D, ZHANG Y, et al. Laboratory in situ CT observation of the evolution of 3D fracture networks in coal subjected to confining pressures and axial compressive loads:a novel approach[J]. Rock mechanics and rock engineering, 2018, 51(11):3361-3375.

[47] HERIAWAN M N, KOIKE K. Coal quality related to microfractures identified by CT image analysis[J]. International journal of coal geology, 2015, 140:97-110.

［48］ CHEN Y，TANG D Z，XU H，et al. Pore and fracture characteristics of different rank coals in the eastern margin of the Ordos Basin，China［J］. Journal of natural gas science and engineering，2015，26：1264-1277.

［49］ DE S M OZELIM L C，CAVALCANTE A L B. Combining microtomography，3D printing，and numerical simulations to study scale effects on the permeability of porous media［J］. International journal of geomechanics，2019，19(2)：04018194.

［50］ NI X M，MIAO J，LV R S，et al. Quantitative 3D spatial characterization and flow simulation of coal macropores based on μCT technology［J］. Fuel，2017，200：199-207.

［51］ 孙艳南. 采空区围岩空隙结构与瓦斯流动规律的研究［D］. 阜新：辽宁工程技术大学，2012.

［52］ 李建新. 水及动力荷载作用下浅伏采空区围岩变形破坏研究［D］. 阜新：辽宁工程技术大学，2014.

［53］ 郁亚楠. Y 型通风采空区瓦斯流场数值模拟研究［D］. 淮南：安徽理工大学，2014.

［54］ 刘卫群，缪协兴. 综放开采 J 型通风采空区渗流场数值分析［J］. 岩石力学与工程学报，2006，25(6)：1152-1158.

［55］ 陈善乐. 综放工作面采空区渗流场域及渗透系数研究［D］. 阜新：辽宁工程技术大学，2015.

［56］ 张红升. 采空区流场与瓦斯运移规律数值模拟研究［D］. 邯郸：河北工程大学，2013.

［57］ 赵贺. 采空区瓦斯流场区域划分研究［D］. 邯郸：河北工程大学，2013.

［58］ 何晓晨. 基于网络解算的采空区流场节点压力解算方法研究［D］. 西安：西安科技大学，2018.

［59］ YAVUZ H. An estimation method for cover pressure re-establishment distance and pressure distribution in the goaf of longwall coal mines［J］. International journal of rock mechanics and mining sciences，2004，41(2)：193-205.

［60］ 崔益源. 基于示踪气体测量技术的采空区漏风研究［D］. 北京：中国矿业大学（北京），2018.

［61］ 魏秉生. 基于 SF_6 连续恒量释放法的综放工作面漏风测定［J］. 山西焦煤科技，2017，41(4)：4-6，11.

［62］ 王红刚. 采空区漏风流场与瓦斯运移的叠加方法研究［D］. 西安：西安科技大学，2009.

［63］ LI Z X. CFD simulation of spontaneous coal combustion in irregular patterns of goaf with multiple points of leaking air［J］. Journal of China University of Mining and Technology，2008，18(4)：504-515.

［64］ 丁广骧，邸志乾，马维绪. 二维采空区非线性渗流流函数方程及有限元解法［J］. 煤炭学报，1993，18(2)：19-25.

［65］ 洪林，周西华，周令昌，等. 采空区气体二维流动的数学模型及其有限容积法［J］. 辽宁工程技术大学学报，2006，25(增刊)：4-6.

［66］ 杨天鸿，陈仕阔，朱万成，等. 采空垮落区瓦斯非线性渗流-扩散模型及其求解［J］. 煤炭学报，2009，34(6)：771-777.

［67］ 裴桂红，冷静，任红军. 采空区瓦斯运移理论研究进展［J］. 辽宁工程技术大学学报（自

然科学版),2012,31(5):613-616.

[68] 顾润红.综放采空区 3D 空间非线性渗流及瓦斯运移规律数值模拟研究[D].阜新:辽宁工程技术大学,2012.

[69] 李宗翔,吴强,潘利明.采空区双分层渗流模型及耗氧-升温分布特征[J].中国矿业大学学报,2009,38(2):182-186.

[70] 张效春.多层采空区流场动态平衡理论与技术[D].阜新:辽宁工程技术大学,2014.

[71] ZHANG C,TU S H,ZHANG L,et al. A methodology for determining the evolution law of gob permeability and its distributions in longwall coal mines[J]. Journal of geophysics and engineering,2016,13(2):181-193.

[72] 李晓飞.煤层双重孔隙模型及采空区瓦斯运移的数值模拟研究[D].北京:中国矿业大学(北京),2017.

[73] 李宇琼.基于连续性碎胀系数模型的采空区瓦斯非线性渗流规律研究[D].太原:太原理工大学,2018.

[74] 宫凤强,李夕兵,董陇军,等.基于未确知测度理论的采空区危险性评价研究[J].岩石力学与工程学报,2008,27(2):323-330.

[75] MIAO X X,LI S C,CHEN Z Q. Bifurcation and catastrophe of seepage flow system in broken rock[J]. Mining science and technology (China),2009,19(1):1-7.

[76] 刘卫群.破碎岩体的渗流理论及其应用研究[J].岩石力学与工程学报,2003,22(8):1262.

[77] MA Z G,MIAO X X,ZHANG F,et al. Experimental study into permeability of broken mudstone[J]. Journal of China University of Mining and Technology,2007,17(2):147-151.

[78] MIAO X X,LI S C,CHEN Z Q,et al. Experimental study of seepage properties of broken sandstone under different porosities[J]. Transport in porous media,2011,86(3):805-814.

[79] KONG H L,CHEN Z Q,WANG L Z,et al. Experimental study on permeability of crushed gangues during compaction[J]. International journal of mineral processing,2013,124:95-101.

[80] 胡俊粉,秦跃平,崔云涛.破碎岩石渗流特性及其应用研究[J].有色金属(矿山部分),2017,69(2):61-66.

[81] CHU T X,YU M G,JIANG D Y. Experimental investigation on the permeability evolution of compacted broken coal[J]. Transport inporous media,2017,116(2):847-868.

[82] 姜华.采空区气体渗流相似模拟实验平台研发及应用[D].西安:西安科技大学,2013.

[83] 王银辉.采空区渗流综合模拟实验台研究[D].阜新:辽宁工程技术大学,2014.

[84] 胡千庭,梁运培,刘见中.采空区瓦斯流动规律的 CFD 模拟[J].煤炭学报,2007,32(7):719-723.

[85] 金龙哲,姚伟,张君.采空区瓦斯渗流规律的 CFD 模拟[J].煤炭学报,2010,35(9):1476-1480.

[86] 鹿存荣,杨胜强,郭晓宇,等.采空区渗流特性分析及其流场数值模拟预测[J].煤炭科学技术,2011,39(9):55-59.

[87] 李宗翔.综放工作面采空区瓦斯涌出规律的数值模拟研究[J].煤炭学报,2002,27(2):173-178.

[88] 廖鹏翔.基于ObjectARX的矿井采空区流场模拟软件研究[D].西安:西安科技大学,2018.

[89] 屠世浩,张村,杨冠宇,等.采空区渗透率演化规律及卸压开采效果研究[J].采矿与安全工程学报,2016,33(4):571-577.

[90] ZHANGC,TU S H,ZHANG L. Field measurements of compaction seepage characteristics in longwall mining goaf[J]. Natural resources research,2020,29(2):905-917.

[91] GUO H,TODHUNTER C,QU Q D,et al. Longwall horizontal gas drainage through goaf pressure control[J]. International journal of coal geology, 2015, 150/151:276-286.

[92] 秦伟.地面钻井抽采老采空区瓦斯的理论与应用研究[D].徐州:中国矿业大学,2013.

[93] 王沉,杨帅,江成玉,等.高瓦斯突出煤层工作面采空区瓦斯防治技术研究[J].贵州大学学报(自然科学版),2019,36(1):42-47.

[94] 刘浩.石泉煤矿101综放工作面采空区瓦斯运移规律及其应用[D].阜新:辽宁工程技术大学,2012.

[95] 金铃子.塔山煤矿综放面采空区瓦斯运移规律研究[D].阜新:辽宁工程技术大学,2012.

[96] 赵庆杰,吴士坤,扈振波,等.基于Comsol multiphysics的太平矿六复采区流场规律研究[J].科技创新导报,2017,14(28):57-58.

[97] 王凯,蒋曙光,张卫清,等.尾巷改变采空区瓦斯流场的数值模拟研究[J].采矿与安全工程学报,2012,29(1):124-130.

[98] 李强,邬剑明,吴玉国,等.近距离煤层开采上覆煤层采空区气体分布规律[J].中国煤炭,2015,41(2):104-106,119.

[99] 李昊天.近距离煤层群综采面采空区瓦斯运移规律及应用[D].西安:西安科技大学,2015.

[100] 董钢锋.邻近层对开采层工作面采空区瓦斯分布规律研究[D].淮南:安徽理工大学,2013.

[101] 姚元领.三相泡沫在采空区渗流特性的数值模拟[J].能源技术与管理,2017,42(5):79-81.

[102] WANG L Z,CHEN Z Q,SHEN H D. Experimental study on the type change of liquid flow in broken coal samples[J]. Journal of coal science and engineering (China),2013,19(1):19-25.

[103] SHI G Q,LIU M X,WANG Y M,et al. Computational fluid dynamics simulation of oxygen seepage in coal mine goaf with gas drainage[J]. Mathematical problems in engineering,2015,2015:723764.

[104] 张晓昕. 采空区上覆渠道工程渗流应力耦合分析理论与应用[D]. 天津：天津大学,2014.

[105] 华明国. 采动裂隙场演化与瓦斯运移规律研究及其工程应用[D]. 北京：中国矿业大学(北京),2013.

[106] 王彪. 采动裂隙场中瓦斯运移规律实验研究及数值模拟[D]. 重庆：重庆大学,2014.

[107] 翟成. 近距离煤层群采动裂隙场与瓦斯流动场耦合规律及防治技术研究[D]. 徐州：中国矿业大学,2008.

[108] 王文学. 采动裂隙岩体应力恢复及其渗透性演化[D]. 徐州：中国矿业大学,2014.

[109] 张村. 高瓦斯煤层群应力—裂隙—渗流耦合作用机理及其对卸压抽采的影响[D]. 徐州：中国矿业大学,2017.

[110] 车强. 采空区气体三维多场耦合规律研究[D]. 北京：中国矿业大学(北京),2010.

[111] 王月红,温佳丽,秦跃平,等. 采空区多参数气-固耦合渗流模拟[J]. 辽宁工程技术大学学报(自然科学版),2012,31(5):760-764.

[112] WANG F T,ZHANG C,ZHANG X G,et al. Overlying strata movement rules and safety mining technology for the shallow depth seam proximity beneath a room mining goaf[J]. International journal of mining science and technology,2015,25(1):139-143.

[113] ZHU D F,TU S H. Mechanisms of support failure induced by repeated mining under gobs created by two-seam room mining and prevention measures [J]. Engineering failure analysis,2017,82:161-178.

[114] ZHU D F,TU S H,TU H S,et al. Mechanisms of support failure and prevention measures under double-layer room mining gobs:a case study:Shigetai coal mine[J]. International journal of mining science and technology,2019,29(6):955-962.

[115] HAO D Y,ZHANG L,LI M X,et al. Experimental study of the moisture content influence on CH_4 adsorption and deformation characteristics of cylindrical bituminous coal core [J]. Adsorption science and technology, 2018, 36 (7/8):1512-1537.

[116] HAO D Y,ZHANG L,YE Z W,et al. Experimental study on the effects of the moisture content of bituminous coal on its gas seepage characteristics[J]. Arabian journal of geosciences,2018,11(15):436.

[117] 李树刚,秦伟博,李志梁,等. 重复采动覆岩裂隙网络演化分形特征[J]. 辽宁工程技术大学学报(自然科学版),2016,35(12):1384-1389.

[118] 崔炎彬. 煤层群重复采动下被保护层卸压瓦斯渗流规律实验研究[D]. 西安：西安科技大学,2017.

[119] 王振荣,赵立钦,康健,等. 多煤层重复采动导水裂隙带高度观测技术研究[J]. 煤炭工程,2018,50(12):82-85.

[120] 李树刚,丁洋,安朝峰,等. 近距离煤层重复采动覆岩裂隙形态及其演化规律实验研究[J]. 采矿与安全工程学报,2016,33(5):904-910.

[121] 程志恒,齐庆新,李宏艳,等. 近距离煤层群叠加开采采动应力-裂隙动态演化特征实

验研究[J].煤炭学报,2016,41(2):367-375.

[122] 潘瑞凯,曹树刚,李勇,等.浅埋近距离双厚煤层开采覆岩裂隙发育规律[J].煤炭学报,2018,43(8):2261-2268.

[123] 王创业,张琪,李俊鹏,等.近浅埋煤层重复采动覆岩裂隙发育相似模拟[J].煤矿开采,2017,22(6):78-81.

[124] 胡成林.浅埋近距煤层重复采动覆岩裂隙演化规律[D].徐州:中国矿业大学,2014.

[125] 姬俊燕.近距离煤层群采动裂隙发育演化规律及其瓦斯抽采技术研究[D].太原:太原理工大学,2014.

[126] GAO F Q,STEAD D,KANG H P,et al. Discrete element modelling of deformation and damage of a roadway driven along an unstable goaf:a case study [J]. International journal of coal geology,2014,127:100-110.

[127] MA L Q,JIN Z Y,LIANG J M,et al. Simulation of water resource loss in short-distance coal seams disturbed by repeated mining[J]. Environmental earth sciences,2015,74(7):5653-5662.

[128] 齐消寒.近距离低渗煤层群多重采动影响下煤岩破断与瓦斯流动规律及抽采研究[D].重庆:重庆大学,2016.

[129] 李斌.近距离煤层群覆岩采动导水裂隙发育规律分析[D].西安:西安科技大学,2018.

[130] 余明高,滕飞,褚廷湘,等.浅埋煤层重复采动覆岩裂隙及漏风通道演化模拟研究[J].河南理工大学学报(自然科学版),2018,37(1):1-7.

[131] LIU E L,HE S M. Effects of cyclic dynamic loading on the mechanical properties of intact rock samples under confining pressure conditions[J]. Engineering geology,2012,125:81-91.

[132] SONG H P,ZHANG H,KANG Y L,et al. Damage evolution study of sandstone by cyclic uniaxial test and digital image correlation[J]. Tectonophysics,2013,608:1343-1348.

[133] HE M M,LI N,CHEN Y S,et al. Strength and fatigue properties of sandstone under dynamic cyclic loading[J]. Shock and vibration,2016,2016:9458582.

[134] LI Y Y,ZHANG S C,ZHANG X. Classification and fractal characteristics of coal rock fragments under uniaxial cyclic loading conditions [J]. Arabian journal of geosciences,2018,11(9):201.

[135] MENG Q B,ZHANG M W,HAN L J,et al. Effects of acoustic emission and energy evolution of rock specimens under the uniaxial cyclic loading and unloading compression[J]. Rock mechanics and rock engineering,2016,49(10):3873-3886.

[136] LIU X S,NING J G,TAN Y L,et al. Damage constitutive model based on energy dissipation for intact rock subjected to cyclic loading[J]. International journal of rock mechanics and mining sciences,2016,85:27-32.

[137] TAHERI A,ROYLE A,YANG Z,et al. Study on variations of peak strength of a sandstone during cyclic loading[J]. Geomechanics and geophysics for geo-energy and

geo-resources,2016,2(1):1-10.

[138] YANG S Q,TIAN W L,RANJITH P G. Experimental investigation on deformation failure characteristics of crystalline marble under triaxial cyclic loading[J]. Rock mechanics and rock engineering,2017,50(11):2871-2889.

[139] WANG Z C,LI S C,QIAO L P,et al. Fatigue behavior of granite subjected to cyclic loading under triaxial compression condition [J]. Rock mechanics and rock engineering,2013,46(6):1603-1615.

[140] FAORO I,VINCIGUERRA S,MARONE C,et al. Linking permeability to crack density evolution in thermally stressed rocks under cyclic loading[J]. Geophysical research letters,2013,40(11):2590-2595.

[141] ERARSLAN N,WILLIAMS D J. Investigating the effect of cyclic loading on the indirect tensile strength of rocks[J]. Rock mechanics and rock engineering,2012, 45(3):327-340.

[142] ERARSLAN N,WILLIAMS D J. Mixed-mode fracturing of rocks under static and cyclic loading[J]. Rock mechanics and rock engineering,2013,46(5):1035-1052.

[143] ERARSLAN N. Microstructural investigation of subcritical crack propagation and Fracture Process Zone (FPZ) by the reduction of rock fracture toughness under cyclic loading[J]. Engineering geology,2016,208:181-190.

[144] GHAMGOSAR M,ERARSLAN N. Experimental and numerical studies on development of fracture process zone (FPZ) in rocks under cyclic and static loadings[J]. Rock mechanics and rock engineering,2016,49(3):893-908.

[145] WHITE J A. Anisotropic damage of rock joints during cyclic loading:constitutive framework and numerical integration[J]. International journal for numerical and analytical methods in geomechanics,2014,38(10):1036-1057.

[146] MIRZAGHORBANALI A,NEMCIK J,AZIZ N. Effects of shear rate on cyclic loading shear behaviour of rock joints under constant normal stiffness conditions [J]. Rock mechanics and rock engineering,2014,47(5):1931-1938.

[147] 蔡波. 循环载荷和卸围压下突出煤的力学与渗流特性研究[D]. 重庆:重庆大学,2010.

[148] 王辰霖,张小东,李贵中,等. 循环加卸载作用下不同高度煤样渗透性试验研究[J]. 岩石力学与工程学报,2018,37(10):2299-2308.

[149] 王辰霖,张小东,杜志刚. 循环加卸载作用下预制裂隙煤样渗透性试验研究[J]. 岩土力学,2019,40(6):2140-2153.

[150] JIANG C B,DUAN M K,YIN G Z,et al. Experimental study on seepage properties, AE characteristics and energy dissipation of coal under tiered cyclic loading[J]. Engineering geology,2017,221:114-123.

[151] ZHANG C,TU S H,ZHANG L. Analysis of broken coal permeability evolution under cyclic loading and unloading conditions by the model based on the hertz contact deformation principle[J]. Transport in porous media,2017,119(3):739-754.

[152] ZHANG C,ZHANG L,ZHAO Y X,et al. Experimental study of stress-permeability behavior of single persistent fractured coal samples in the fractured zone[J]. Journal of geophysics and engineering,2018,15(5):2159-2170.

[153] ZHANG C,ZHANG L. Permeability characteristics of broken coal and rock under cyclic loading and unloading[J]. Natural resources research,2019,28(3):1055-1069.

[154] 缪协兴,茅献彪,胡光伟,等.岩石(煤)的碎胀与压实特性研究[J].实验力学,1997, 12(3):394-400.

[155] 李俊孟.基于 CT 扫描的承载矸石体组构三维重建及其时空演化规律研究[D].徐州: 中国矿业大学,2020.

[156] 李振,方智龙,冯国瑞,等.破碎煤岩体试样声发射三维定位方法及分层破碎特性[J]. 太原理工大学学报,2022,53(3):507-514.

[157] TALBOT A N,RICHART F E. The strength of concrete,its relation to the cement, aggregates and water[J]. University of Illinois bulletin,1923,137:117-118.

[158] GOSTICK J,AGHIGHI M,HINEBAUGH J,et al. OpenPNM:a pore network modeling package[J]. Computing inscience and engineering,2016,18(4):60-74.

[159] HAO D Y,TU S H,ZHANG C,et al. Quantitative characterization and three-dimensional reconstruction of bituminous coal fracture development under rock mechanics testing[J]. Fuel,2020,267:117280.

[160] HAO D Y,TU S H,ZHANG C. Experimental study on the effect of moisture content on bituminous coal porosity based on 3D reconstruction of computerized tomography[J]. Natural resources research,2020,29(3):1657-1673.

[161] 国家安全监管总局,国家煤矿安监局,国家能源局,等.建筑物、水体、铁路及主要井巷煤柱留设与压煤开采规范[S].北京:煤炭工业出版社,2017.

[162] 杨东辉.深部近距离中厚煤层群矿压显现规律及巷道支护技术研究[D].焦作:河南理工大学,2012.

[163] 张百胜.极近距离煤层开采围岩控制理论及技术研究[D].太原:太原理工大学,2008.

[164] 赵毅鑫,刘文超,张村,等.近距离煤层蹬空开采围岩应力及裂隙演化规律[J].煤炭学报,2022,47(1):259-273.

[165] 吴群英,郭重威,翟鸿良,等.重复采动覆岩裂隙率空间分布相似模拟研究:以陕北矿区为例[J].煤炭科学技术,2022,50(1):105-111.

[166] 董书宁,柳昭星,王皓.厚基岩采场弱胶结岩层动力溃砂机制研究现状与展望[J].煤炭学报,2022,47(1):274-285.

[167] BAI Q S,TU S H,ZHANG C,et al. Discrete element modeling of progressive failure in a wide coal roadway from water-rich roofs[J]. International journal of coal geology,2016,167:215-229.

[168] BAI Q S,TU S H. Numerical observations of the failure of a laminated and jointed roof and the effective of different support schemes:a case study[J]. Environmental earth sciences,2020,79(10):202.

[169] 陈占清,郁邦永.采动岩体渗流力学研究进展[J].西南石油大学学报(自然科学版),2015,37(3):69-76.

[170] 李顺才,陈占清,缪协兴,等.破碎岩体流固耦合渗流的分岔[J].煤炭学报,2008,33(7):754-759.

[171] 李顺才,李强,陈占清.采动破碎岩体渗流与变形的理论与试验研究[M].南京:江苏凤凰科学技术出版社,2018.

[172] 张建营.采动破碎岩体非线性渗流规律研究[D].徐州:中国矿业大学,2019.

[173] 郁邦永.胶结破碎岩石非 Darcy 流渗透特性试验研究[D].徐州:中国矿业大学,2017.

[174] 王路珍.变质量破碎泥岩渗透性的加速试验研究[D].徐州:中国矿业大学,2014.

[175] 徐树媛,张永波,相兴华,等.采空区裂隙岩体渗流特征及渗透性试验研究[J].煤矿安全,2022,53(4):36-44.

[176] 郁邦永,潘书才,郭静那,等.循环供水式破碎岩石渗透试验系统[J].煤矿安全,2020,51(11):137-141,145.

[177] 李顺才,陈占清,缪协兴,等.破碎岩体中气体渗流的非线性动力学研究[J].岩石力学与工程学报,2007,26(7):1372-1380.

[178] 任建业,李雨成,张欢,等.单裂隙结构特征对煤岩体内瓦斯流动特性的影响[J].采矿与安全工程学报,2023,40(3):633-642.

[179] LI B, LIANG Y P, ZHANG L, et al. Breakage law and fractal characteristics of broken coal and rock masses with different mixing ratios during compaction[J]. Energy science and engineering,2019,7(3):1000-1015.

[180] LI B, ZOU Q L, LIANG Y P. Experimental research into the evolution of permeability in a broken coal mass under cyclic loading and unloading conditions [J]. Applied sciences,2019,9(4):762.

[181] LI B, LIANG Y P, ZHANG L, et al. Experimental investigation on compaction characteristics and permeability evolution of broken coal[J]. International journal of rock mechanics and mining sciences,2019,118:63-76.

[182] 李波.煤层群多重保护开采煤岩体应力渗流特征及关键层的影响研究[D].重庆:重庆大学,2019.

[183] 王凯,赵恩彪,郭阳阳,等.中间主应力影响下含瓦斯复合煤岩体变形渗流及能量演化特征研究[J].矿业科学学报,2023,8(1):74-82.

[184] 刘基.复合含水层疏放水钻孔与工作面涌水量预测方法研究[D].北京:煤炭科学研究总院,2020.

[185] 毛占利.高瓦斯煤层自燃火灾防治技术研究[D].西安:西安科技大学,2006.

[186] 梁运涛,侯贤军,罗海珠,等.我国煤矿火灾防治现状及发展对策[J].煤炭科学技术,2016,44(6):1-6,13.

[187] 郁亚楠,赵庆伟.煤自燃"三位一体"预测预报技术研究[J].煤炭工程,2020,52(7):143-147.

[188] 蔡周全,王龙,邢书宝,等.束管监测系统在煤矿应用中存在的问题及解决方法[J].煤炭技术,2016,35(7):150-152.

［189］中华人民共和国应急管理部.煤矿安全规程［M］.北京:应急管理出版社,2022.

［190］张永涛,朱鹏飞,李庆钊,等.基于采空区孔隙率动态演化模型的卸压瓦斯运移规律研究［J］.矿业安全与环保,2023,50(2):1-6.